城市规划与房屋征收策略研究

张 华 著

哈尔滨出版社
HARBIN PUBLISHING HOUSE

图书在版编目（CIP）数据

城市规划与房屋征收策略研究 / 张华著. -- 哈尔滨:
哈尔滨出版社, 2023.11
ISBN 978-7-5484-7679-5

Ⅰ. ①城… Ⅱ. ①张… Ⅲ. ①城市规划－研究－中国
②房屋拆迁－土地征用－补偿－研究－中国 Ⅳ.
①TU984.2②D922.304

中国国家版本馆CIP数据核字（2023）第239749号

书　　名：城市规划与房屋征收策略研究
CHENGSHI GUIHUA YU FANGWU ZHENGSHOU CELÜE YANJIU

作　　者：张　华　著
责任编辑：韩金华
封面设计：蓝博设计

出版发行：哈尔滨出版社（Harbin Publishing House）
社　　址：哈尔滨市香坊区泰山路82-9号　　邮编：150090
经　　销：全国新华书店
印　　刷：天津和萱印刷有限公司
网　　址：www.hrbcbs.com
E-mail：hrbcbs@yeah.net
编辑版权热线：（0451）87900271　87900272
销售热线：（0451）87900201　87900203

开　　本：787mm×1092mm　1/16　印张：10.75　字数：220千字
版　　次：2024年1月第1版
印　　次：2024年1月第1次印刷
书　　号：ISBN 978-7-5484-7679-5
定　　价：68.00元

前　言
PREFACE

城市规划与房屋征收作为城市发展和社会变革中的重要议题，涉及多方利益关系、法律法规、社会公平和可持续发展等诸多复杂因素。本书《城市规划与房屋征收策略研究》旨在全面剖析城市规划与房屋征收的理论框架、实践策略及其影响，既致力于为学术界提供一种深入理解和思考城市发展的视角，又立足于为城市管理者、规划师、社会活动家等从业者提供实用指南与决策支持，以应对日益复杂多变的城市发展挑战。

本书的编写得益于广泛的文献研究和案例分析，同时也深受来自学术界和实践界的专家学者经验的启发。首先，本书通过全面回顾城市规划与房屋征收的历史演变，深入探讨了城市规划在不同时期的理念演进及其在实践中的应用与影响。其次，本书详细介绍不同国家和地区的房屋征收法律框架，包括征收程序、权利和义务，以及房屋征收过程中可能遇到的法律问题与挑战。此外，本书着重探讨了不同类型的房屋征收策略与方法，以及在实施过程中的利益平衡策略与措施。

在书中的后续章节中，我们深入研究城市规划与社会影响之间的关系，包括城市规划对社会平等、包容性的影响，以及房屋征收对社区和居民生活的影响。同时，我们还探讨了可持续发展与环境影响的关联，分析了房屋征收对环境的影响与考虑，以及城市规划中的生态恢复和保护。在国际经验与案例研究章节中，我们对比了不同国家的城市规划和征收策略，探讨了成功与失败的案例经验和教训，以及国际经验对本书的启示。

我们对本书的编写充满信心，相信本书将为相关领域的学者、政策制定者和从业人员提供深入的理论分析与实践指导，促进城市规划与房屋征收领域的学术交流与实践创新，为构建更加人性化、可持续的城市发展贡献力量。

目　录
CONTENTS

第一章　导论 ······ 1

第一节　研究背景和动机 ······ 1

第二节　研究目的和目标 ······ 3

第三节　研究范围和重要性 ······ 4

第四节　研究方法概述 ······ 5

第二章　城市规划概述 ······ 8

第一节　城市规划的定义和作用 ······ 8

第二节　城市规划的历史演变 ······ 12

第三节　城市规划的基本原则和概念 ······ 20

第四节　城市规划与可持续发展的关系 ······ 26

第三章　房屋征收背景与法律框架 ······ 34

第一节　房屋征收的定义和背景 ······ 34

第二节　国家和地方层面的征收法律框架 ······ 42

第三节　征收程序、权利和义务 ······ 46

第四节　征收过程中的法律问题与挑战 ······ 52

第四章　房屋征收策略与方法 ······ 58

第一节　不同类型的房屋征收策略 ······ 58

第二节　征收政策的制定与实施 ······ 61

第三节 征收过程中的利益相关者参与 …… 65

第四节 征收策略的效益和限制 …… 69

第五章 城市规划与社会影响 …… 78

第一节 城市规划对社会的影响 …… 78

第二节 城市规划与社会平等、包容性的关系 …… 86

第三节 征收对社区和居民的影响 …… 90

第四节 社会影响评价在城市规划中的应用 …… 96

第六章 可持续发展与环境影响 …… 101

第一节 可持续城市规划的原则和实践 …… 101

第二节 征收对环境的影响与考虑 …… 106

第三节 城市规划中的生态恢复和保护 …… 112

第四节 绿色基础设施在城市规划中的作用 …… 116

第七章 房屋征收过程中的利益平衡 …… 122

第一节 利益相关者的分析与识别 …… 122

第二节 利益平衡的策略与措施 …… 132

第三节 征收决策中的公平与公正考虑 …… 139

第八章 国际经验与案例研究 …… 145

第一节 不同国家的城市规划和征收策略对比 …… 145

第二节 案例研究：成功与失败的经验和教训 …… 149

第三节 跨国经验对本书的启示 …… 154

参考文献 …… 162

第一章　导论

第一节　研究背景和动机

一、城市发展面临的挑战

随着全球城市化进程的不断加速，城市发展面临着日益严峻的挑战。其中包括快速人口增长导致的房屋短缺、土地紧张，城市基础设施建设面临的资金压力，以及日益严重的环境污染和资源浪费等。这些挑战不仅严重影响着居民的生活质量，也给城市的可持续发展带来了极大的压力。

（一）快速人口增长导致的房屋短缺

1. 房屋需求与供给失衡

随着城市化进程的加速，大量农村人口拥入城市，导致了城市人口急剧增加。这种快速的人口增长导致了人们对住房的需求急剧上升，而现有的住房供给却难以满足这一需求。特别是一些大城市地区，由于土地利用受限及房地产开发受到限制，导致房屋供应短缺的问题日益凸显，加剧了房价的上涨，使得普通居民面临着越来越严峻的住房困境。

2. 住房质量与居住条件提升难题

在快速的城市化进程中，大量的农民工和外来人口拥入城市，导致了城市贫困人口和低收入群体的迅速增加。这部分人群往往只能选择居住在条件较差的城市边缘地带或者是一些贫困地区，由于经济条件有限，他们往往只能居住在一些简易搭建的房屋中，面临着住房质量低劣和居住条件不佳的困境，这也成为城市管理者面临的重要社会问题之一。

（二）土地紧张及城市基础设施建设压力

1. 土地资源利用不合理

随着城市化进程的不断推进，城市土地资源变得越发紧张。一方面，大量土地被用于房地产开发，导致了大片土地被高楼大厦所占据，而城市公共空间和绿地的比例明显下降。另一方面，城市的工业用地和商业用地也在不断扩张，这使得城市用地的利用效率降低，难以满足日益增长的城市建设需求。

2. 城市基础设施建设滞后带来的压力

随着城市人口的快速增长，城市基础设施的建设的压力也日益增大。一些老旧城区的基础设施已经不能适应日益增长的人口需求，例如交通拥堵、供水不足、污水处理不完善等问题日益突出。同时，新兴城市也面临着基础设施建设的起步困难，需要投入大量的资金和人力物力来完善城市的基础设施。

（三）日益严重的环境污染和资源浪费

1. 环境污染对居民健康的影响

城市化进程中，随着工业化和交通运输业的快速发展，城市面临着严重的环境污染问题。空气污染、水污染、噪声污染等日益严重，对居民的身体健康和生活质量造成了严重的影响。尤其是一些工业密集型城市，环境污染问题更为突出，不仅影响居民的身体健康，也影响着城市的可持续发展。

2. 资源浪费与可持续发展压力

随着城市化进程的加快，人们对资源的需求也在迅速增加。然而，由于一些城市管理者和居民对资源的利用并不合理，导致了资源的大量浪费和消耗，加剧了环境压力。特别是能源的消耗和排放问题日益凸显，亟需加强可持续发展理念的引导和实践。

二、房屋征收制度存在的问题

当前的房屋征收制度在实践中面临着诸多问题。其中包括征收程序不透明、补偿标准不合理、居民权益保护不到位等。这些问题不仅使得征收过程中存在着利益冲突和社会矛盾，也影响着城市规划与社会公平之间的平衡。

（一）征收程序不透明

1. 信息公开和参与机制不完善

在当前的房屋征收实践中，征收程序的不透明性成为制约其公平性和合法性的重要因素之一。征收程序中信息公开不充分，导致了征收决策的透明度不足，居民难以获得必要的信息和参与决策，从而影响了居民对征收决策的合法性和公正性的认可。

2. 规章制度执行缺乏监督机制

在一些地区，由于监督机制不健全，征收程序中存在执法不严、执法不公的问题。有些地方政府部门在执行征收程序时存在权力滥用和程序违规的情况，导致了征收决策的公正性受到了质疑，居民的合法权益难以得到有效保障。

（二）补偿标准不合理

1. 补偿计算方式缺乏科学性和公正性

在当前的房屋征收实践中，补偿标准的确定常常缺乏科学依据，导致了补偿数额不合理的情况。一些地区的补偿标准过低，未能充分体现被征收居民的实际损失，导致了居民的合法权益无法得到有效保障，增加了社会矛盾和不稳定因素。

2. 补偿方式单一且缺乏灵活性

现行的房屋征收制度中，补偿方式常常过于单一，往往只是以金钱形式进行补偿，而忽视了居民情感损失和社会关系的破坏。同时，征收过程缺乏灵活性，无法根据不同情况和需求采取个性化的补偿方式，导致了补偿效果不佳，居民的满意度较低。

（三）居民权益保护不到位

1. 权益保护机制不完善

在房屋征收过程中，居民权益保护机制不健全，导致了被征收居民的权益难以得到有效保障。在征收中，居民的合法权益往往受到侵害，而寻求法律救济的途径也常常受到各种限制，这使得居民的维权成本较高，权益保护效果不佳。

2. 社会关系和文化传承受损

在一些征收项目中，由于相关人员对居民社会关系和文化传承的重要性认识不足，征收过程中往往忽视了居民的情感需求和社会关系，导致了居民社会网络的破裂和文化传承的中断，给社会稳定和文化传承带来了不利影响。

第二节　研究目的和目标

一、比较不同国家经验，提出改进建议

（一）发掘成功经验与失败教训

深入比较不同国家在城市规划与房屋征收方面的经验，旨在深入了解各国在解决类似问题上的成功实践经验和失败教训。这包括不同国家在房屋征收制度设计、征收程序执行、居民权益保护等方面的先进经验，以及这些经验背后的深层次原因和影响机制。同时，结合国情特点，探索这些成功经验在我国城市规划与房屋征收改革中的可行性和可操作性，为相关决策部门提供可靠的政策建议和实践指导。

（二）提出针对性改进建议

基于对不同国家经验的比较分析，结合我国当前的城市规划与房屋征收实践，旨在

提出针对性的改进建议。这些建议将针对我国房屋征收制度存在的问题和挑战，从政策制定、法律规范、程序流程、居民参与等方面提出具体的改善措施和优化方案。这些建议将着眼于实际操作，注重可操作性和可持续性，以期在城市规划与房屋征收改革中取得积极的实践效果。

二、促进城市规划与可持续发展融合

（一）优化房屋征收制度推动可持续发展

探索优化房屋征收制度，旨在促进城市规划与可持续发展的有机融合。主要包括重视生态环境保护、资源利用效率提升、社会公平和经济发展协调等方面的探讨。本书将从理论与实践相结合的角度出发，提出一系列针对性的政策建议和操作性方案，以实现城市发展的经济效益、社会效益和环境效益的协调统一。

（二）确保城市发展的可持续性和稳定性

在促进城市规划与可持续发展融合的过程中，本书将关注城市发展的长远目标和稳定性。在城市规划与房屋征收改革中，本书将注重资源利用的合理化、生态环境的保护与修复、居民生活质量的提升等方面，确保城市发展在经济、社会和环境层面的可持续性和稳定性，为未来城市的可持续发展提供坚实的基础和保障。

第三节　研究范围和重要性

一、研究地区和房屋征收情况范围

本书将聚焦国内部分具有代表性的城市，深入调研不同地区的房屋征收情况，通过案例分析和实地调研，全面把握我国当前房屋征收制度存在的问题和挑战。

（一）深入调研国内具有代表性的城市

本书将聚焦国内具有代表性的城市，包括一线城市、新兴城市及中西部地区的部分城市，以多角度、多层次地掌握不同地区房屋征收的实际情况。深入实地调研和案例分析，全面了解不同城市在房屋征收实践中面临的问题和挑战，为研究结论提供充分的实证依据。

（二）全面把握我国房屋征收制度的问题

本书将从不同城市的房屋征收案例出发，全面把握我国当前房屋征收制度中存在的问题和挑战，包括对征收程序的规范性、补偿标准的合理性、居民权益保护的有效性等

方面展开深入研究，分析其成因和影响机制，为我国未来优化房屋征收制度提供科学的决策支持。

二、解决城市发展中的房屋征收问题的重要意义

解决城市发展中的房屋征收问题是当前城市可持续发展的关键环节。通过深入研究和探讨，本书将为优化我国城市规划与房屋征收制度提供重要的理论指导和实践借鉴，推动城市发展走向更加可持续、宜居的方向。

（一）提升城市发展的可持续性

本书将深入探讨城市发展中的房屋征收问题，旨在通过优化房屋征收制度，促进城市规划与房屋征收的有效融合，推动城市发展朝着更加可持续的方向迈进。通过对城市发展中的关键问题进行系统分析和探讨，提出针对性的政策建议和实践路径，为城市发展的可持续性提供重要保障。

（二）促进城市宜居环境的打造

本书的意义还在于通过解决城市发展中的房屋征收问题，为城市居民提供更加宜居的生活环境。优化房屋征收制度将有助于改善居民的居住条件，提升城市的生态环境质量，增强居民的获得感和幸福感。这将进一步推动城市发展朝着人民群众的美好生活需求不断迈进，促进城市的和谐稳定发展。

第四节　研究方法概述

一、文献综述

首先，本书将对国内外城市规划与房屋征收领域的相关研究成果进行全面梳理。重点关注我国近年来有关城市规划和房屋征收改革的重要政策文件、学术期刊和专业论文。同时，深入研究国内一些具有代表性的城市规划案例和房屋征收实践，以揭示其中存在的问题和可借鉴的经验。

其次，本书将对国际上在城市规划与房屋征收领域的前沿研究进行系统归纳和总结。重点关注国外一些发达国家和发展中国家在城市规划与房屋征收方面的政策措施和实践经验，探究其制度设计、实施效果及存在的问题与挑战，为我国城市规划与房屋征收制度改革提供有益的国际参考。

再次，本书将综合分析国际组织如联合国、世界银行等在城市规划和房屋征收领域发布的研究报告和专题论述。着眼于探讨国际上的最新理论成果和实践经验，对全球范

围内城市化进程中的共性问题和解决方案进行深入研究，以期为我国城市规划与房屋征收制度的优化提供跨国比较和借鉴的学术依据。

最后，本书将对文献综述的结果进行系统归纳和分析，综合国内外的研究成果，探讨城市规划与房屋征收领域的发展趋势和未来研究方向。整合各方面的理论支撑和实践经验，为我国城市规划与房屋征收制度改革提供全面、深入的理论指导和实践借鉴。

二、案例研究

通过深入实地调研和案例分析，重点关注国内一线城市的房屋征收案例。着眼于探讨这些城市在城市更新和土地开发过程中所面临的房屋征收问题，包括征收程序的透明度、居民补偿标准的合理性及社会稳定的维护等方面的挑战。对一线城市的深入研究，可以揭示这些城市在房屋征收实践中的成功经验和不足之处，为其他城市的类似实践提供有益的借鉴和参考。

关注中小城市和农村地区的房屋征收案例。通过实地走访和深入访谈，将探索这些地区在城市化进程中所面临的特殊问题和挑战，包括农村宅基地征收、城乡统筹发展中的土地征用等问题。分析不同地区的不同类型案例，可以揭示出城市规划与房屋征收在不同地区的差异性和共性，为我国城乡统筹发展提供有益的经验借鉴。

对国际上一些具有代表性的城市房屋征收案例进行比较分析。关注发达国家和新兴经济体的城市规划和房屋征收实践，深入了解其征收制度设计、居民参与机制及社会公平保障等方面的经验。对国际案例的比较研究，可以为我国城市规划与房屋征收改革提供宝贵的国际借鉴和经验启示。

对案例研究的结果进行综合分析，提炼出成功案例的共性特征和失败案例的教训经验，总结出对我国房屋征收制度改革具有指导意义的实践经验和政策建议。通过深入案例研究的总结与归纳，为我国城市规划与房屋征收制度的优化提供系统性的实践参考和决策支持。

三、定性与定量分析

本书采用定性分析方法对房屋征收案例中的社会、经济、政治等多方面因素进行深入分析。通过对不同案例中的相关文本材料和访谈记录进行逐字逐句的细致解读和内容分析，探讨房屋征收过程中涉及的利益相关者的态度、行为及其背后的动机和目的，揭示其中的社会关系和权力结构的变化和影响。

采用定量分析方法对收集到的相关数据进行统计学处理和数学建模。建立合理的数据分析框架，对房屋征收过程中涉及的土地利用、房价指标、居民收入情况等数据进行量化分析和比较，探讨城市规划与房屋征收之间的关联性和影响机制。运用统计学方法，可以从更宏观的角度揭示城市规划与房屋征收改革对城市发展的影响和作用。

定性分析和定量分析相结合，建立综合分析框架。将定性分析和定量分析的研究成果进行比较和对照，逐步深化对城市规划与房屋征收关系的认识。综合分析的方法，将揭示出二者之间的内在联系和互动关系，从而对城市规划与房屋征收改革的决策制定提供更为全面和准确的科学依据。

对定性与定量分析的研究成果进行整合和总结，提出有针对性的政策建议和实践方案。综合分析的研究方法，将为城市规划与房屋征收改革提供科学、系统的决策支持，促进城市可持续发展和社会公平正义的实现。

第二章　城市规划概述

第一节　城市规划的定义和作用

一、城市发展的关键引导

（一）科学规划促进经济发展

城市规划通过科学的空间布局和产业规划，促进城市经济的有效发展和产业结构的优化升级。合理规划的产业布局和功能区划，可以促进产业协同发展，提升城市的整体竞争力和经济效益。

1. 科学空间布局的重要性

第一，科学规划可以促进产业集聚区的建设和发展。通过规划科技园区和产业园区、建设经济开发区和特色产业基地，推动产业集聚效应的形成和产业链条的延伸，提升城市的产业聚集能力和创新发展水平，实现城市经济的高质量发展和产业结构的优化升级。

第二，科学规划可以促进商业中心的建设和城市经济的发展。通过规划商业中心和城市核心商务区、建设购物中心和商业步行街区，提升城市的商业服务功能和商贸流通能力，促进城市商业文化的繁荣和城市经济的持续增长，实现城市经济的多元发展和商业环境的优化升级。

2. 产业规划的优化升级

首先，科学规划可以促进产业结构的优化升级。通过规划产业转型升级区和现代服务业区、培育战略性新兴产业和绿色低碳产业，推动传统产业的转型升级和新兴产业的壮大发展，提升城市产业的国际竞争力和经济增长潜力，实现城市经济的高质量发展和产业结构的优化升级。

其次，科学规划可以促进就业机会的增加和居民收入的提高。通过规划产业扶持区和就业集聚区、培育人才产业和创新创业基地，提升城市的就业能力和居民的收入水平，促进城市就业结构的优化和居民生活水平的提升，实现城市经济的增长和居民收入的稳步增加。

（二）社会发展和文化传承

城市规划不仅是空间布局的优化，更是社会文化传承和历史遗产保护的重要手段。通过保护历史遗迹和传统文化街区，城市规划能够促进社会文化的多元发展和城市文脉的传承，塑造城市独特的文化氛围和城市形象。

1. 社会文化多元发展的促进

城市规划可以促进文化遗产保护和历史街区规划的实施。通过保护历史建筑和古迹遗址、规划历史文化街区和文化遗产保护区，促进城市历史文化资源的保护和传承，激活城市文化遗产的价值和活力，弘扬城市的历史文化传统和人文精神，丰富城市的文化内涵和城市的文化形象。

城市规划可以促进社区文化活动和公共文化设施的建设。通过规划社区文化中心和文化艺术广场、建设图书馆和博物馆展览馆，提升社区文化氛围和公共文化设施的服务水平，促进社区居民的文化参与和文化交流，丰富社区居民的文化生活和社区文化环境，提升城市社区的文化品质和居民的文化素养。

2. 城市文脉传承的重要保障

城市规划可以塑造文化景观，促进城市形象的建设。通过规划文化景观节点和城市标志性建筑、建设文化艺术广场和城市文化长廊，打造具有城市特色和文化品位的城市文化景观和城市形象，彰显城市的文化底蕴和时代精神，提升城市的文化品位和城市的文化影响力。

城市规划可以推动文化产业和创意设计的发展。通过规划文化产业园区和创意设计中心、培育文化创意企业和设计师品牌，促进文化产业的创新发展和创意产品的推广应用，提升城市的文化创意活力和文化产业的经济效益，推动城市文化产业的转型升级和提升创意设计的国际影响力。

二、居民生活质量的提升与保障

（一）规划舒适宜居的居住环境

城市规划注重提升居民的生活品质，通过规划宜居社区、健康环境和便捷交通等，为居民营造舒适、安全、便利的居住环境。合理规划的社区公园、文化设施和社区服务中心等，可以提高居民的生活幸福感和满意度。

1. 宜居社区建设和社区设施规划

城市规划可以注重社区绿地和休闲空间规划的建设。通过规划社区公园和绿地广场、建设社区健身路径和运动场所，提升社区居民的休闲娱乐环境和身心健康水平，倡导健康生活方式和提升社区居民的健康幸福感，营造宜居社区的自然环境和人文氛围。

城市规划可以注重社区文化设施和公共服务中心规划的建设。通过规划社区图书馆和文化艺术馆、建设社区健康服务站和社区综合服务中心，提升社区居民的文化素质和社区居民的生活便利度，促进社区居民的文化参与和社区居民的社会融入感，营造宜居社区的文化氛围和社区服务体系。

2. 健康环境保障和生活质量改善

城市规划可以注重环境保护和生态建设规划的实施。通过规划生态保护区和环境治理区、建设城市绿道和生态廊道，提升城市的生态环境质量和城市居民的生活舒适度，倡导健康生活方式和提升城市居民的生态环境意识，营造舒适宜居的生态环境和健康居住区。

城市规划可以注重环境卫生和污染治理规划的实施。通过规划环境卫生治理区和污染治理区、建设城市垃圾处理中心和污水处理厂，提升城市的环境卫生水平和城市居民的生活质量，倡导健康生活习惯和提升城市居民的环境保护意识，营造舒适宜居的清洁环境和健康居住区。

3. 便捷交通网络和城市设施规划

城市规划可以注重交通枢纽和便捷出行规划的建设。通过规划城市公共交通站点和交通换乘枢纽、建设城市快速路网和城市停车设施，提升城市的交通便利度和城市居民的出行效率，提升城市居民的出行便利性和城市居民的交通安全意识，营造舒适宜居的便捷交通环境和便利居住区。

城市规划可以注重生活配套设施和社区便利店规划的建设。通过规划生活超市和社区健身房、建设社区学校和社区医院，提升城市的生活便利度和城市居民的生活品质，提升城市居民的生活幸福感和城市居民的消费体验，营造舒适宜居的便利生活环境和便利居住区。

（二）交通便捷和城市可达性

城市规划在交通规划方面发挥重要作用，通过规划便捷的交通网络和智能交通系统，提升居民的出行便利性和城市的交通效率，减少交通拥堵和能源消耗，促进城市的可持续交通发展。

1. 交通网络规划和交通枢纽建设

城市规划通过规划多元化的交通方式布局，包括地铁、公交、自行车道等，为居民提供更加便捷的出行选择。合理规划不同交通方式的互联互通，提高居民的出行便利度和城市的可达性，促进城市交通的多元发展和交通方式的智能化升级，构建便捷的交通网络系统和城市交通枢纽。

城市规划通过智能交通系统的设计与建设，包括交通信号灯控制、交通信息采集与分析等，提升城市的交通管理水平和交通运行效率。合理规划智能交通系统的应用范围和技术手段，提高居民的出行安全性和城市的交通流畅度，促进城市交通的智能化管理和交通设施的信息化更新，打造智能化的城市交通环境和交通服务体系。

2. 促进交通绿色化和低碳出行

城市规划通过鼓励和推广绿色交通模式，包括步行、骑行、共享单车等，引导居民采用低碳出行方式。合理规划绿色交通模式的通行条件和交通设施，增强居民的环保意识和城市的交通绿色化水平，促进城市交通的低碳发展和交通方式的环保升级，营造绿色的城市交通氛围和健康的出行习惯。

城市规划通过提升城市可达性和区域互联互通，包括城市快速路网、城市交通枢纽等，增强居民的区域互动性和城市的交通便捷性。合理规划城市可达性的空间布局和交通枢纽的布局，提升居民的区域互动体验和城市的交通通达度，促进城市交通的便利化发展和交通网络的区域一体化，构建便捷的城市交通环境和互联互通的交通网络。

三、环境保护与生态建设的重要保障

（一）生态空间规划与自然资源保护

城市规划应注重生态空间的保护与规划，通过科学规划城市绿地、水域和生态廊道等，保护城市生态系统的完整性和稳定性，提高城市的生态环境质量和自然资源的可持续利用。

1. 城市绿地系统的规划与建设

城市规划应当注重城市绿地系统的规划与建设，包括公园、湿地公园、城市森林公园等，保护城市的自然生态系统和生物多样性，提高城市的生态环境质量和居民的生活舒适度。合理规划城市绿地的布局和功能区划，提高城市的生态景观价值和自然资源的保护水平，促进城市生态系统的恢复和生态功能的优化，打造宜居的绿色城市环境和人与自然和谐共生的城市生态体系。

2. 水域保护与水资源管理

城市规划在水域保护与水资源管理方面发挥重要作用，包括河流、湖泊、水库等，保护城市的水生态系统和水资源安全，提高城市的水环境质量和水资源的可持续利用。合理规划水域的保护范围和水资源的管理措施，提高城市的水生态功能和水资源利用效率，促进城市水生态系统的恢复和水资源保障能力的提升，营造清新的城市水域环境和稳定的水资源供应体系。

（二）应对气候变化和环境污染

城市规划在应对气候变化和环境污染方面具有重要意义，通过规划生态保护区、减排措施和绿色建筑设计等，有效控制城市的碳排放和环境污染，保障居民健康和城市可持续发展。

1. 低碳城市规划与能源管理

城市规划应当注重低碳城市规划与能源管理，包括能源节约、能源替代和能源监测等，降低城市的能源消耗和碳排放，促进城市的清洁能源利用和碳减排措施。合理规划低碳能源的应用范围和能源管理的监测手段，提高城市的能源利用效率和能源消耗结构，促进城市能源的清洁化利用和能源消耗的可持续发展，构建清洁的城市能源环境和绿色的能源消费体系。

2. 环境保护与污染治理

城市规划在环境保护与污染治理方面发挥重要作用，包括大气污染治理、土壤污染治理和噪声污染治理等，保障城市的环境质量和居民的健康安全，提高城市的环境卫生状况和生态环境保护水平。合理规划环境保护措施的实施范围和污染治理技术手段，提高城市的环境治理效果和环境监测能力，促进城市环境的清洁化治理和环境污染的减少排放，建设清新的城市环境和健康的生态保护体系。

第二节　城市规划的历史演变

一、古代城市规划的演进轨迹

（一）古代文明的城市布局与建筑风格

古代城市规划在古埃及、古希腊、古罗马等文明古国的发展过程中呈现出多样而独特的特点。埃及的金字塔、古希腊的城邦城市和古罗马的城市布局都展现了古代文明对城市规划的精湛造诣和深刻理解，体现了当时文明的繁荣与辉煌。

1. 古埃及文明的城市布局与建筑风格

古埃及文明的城市布局体现了其独特的信仰和社会结构。城市布局以信仰建筑为中心，如法老陵墓和神庙，这些建筑物在城市规划中占据了显著的地位。神庙被视为神圣的场所，是古埃及信仰仪式和活动的中心，同时也是政治和经济活动的聚集地。城市围绕着这些中心点布局，反映了古埃及社会对神权和法老的崇拜和尊重。

古埃及城市规划注重利用尼罗河的水资源。尼罗河作为古埃及文明的生命之河，为古埃及人提供了灌溉农田的水源，维系了古埃及人的农业生产和生活。古埃及人修筑了灌溉渠道和水坝，用于控制尼罗河的水流和分配水资源，保障了农业的发展和社会的稳定。此外，古埃及城市的建筑风格也体现了古埃及人民的审美和艺术追求。金字塔是古埃及文明的杰作之一，其独特的三角形外形和坚固的建筑结构彰显了古埃及人民的建筑技术和工程水平。金字塔作为法老陵墓，体现了古埃及人民对死者的崇拜和对来世生活的美好向往。古埃及的建筑风格还包括壁画、雕塑和纹饰，展现了古埃及人民的艺术才华和文化传统。

古埃及城市规划和建筑风格的特点反映了古埃及文明的独特魅力和历史价值。古埃及的城市布局和建筑风格不仅是古代文明的杰作，也是人类文明史上的重要遗产，对后世的城市规划和建筑设计产生了深远的影响和启示。

2. 古希腊文明的城邦规划与城市布局

古希腊文明的城邦规划体现了其独特的政治和文化特点。古希腊城市规划注重城市中心广场（阿哥拉）的布局，阿哥拉是城市的政治、商业和社会生活的核心地带，是市民集会和公共活动的重要场所。城邦的规划还体现了古希腊人民对自由民主和公共参与的重视，通过建立议会和公民会议场所，促进了公民之间的交流和互动。

古希腊的城市布局注重艺术与文化的融合，城市中建造了许多雕像、剧院和体育场。雕像和雕塑是古希腊艺术的代表作品，展现了古希腊人民对美的追求和对神话故事的表达。剧院是古希腊文化和文艺复兴的发源地，体现了古希腊人民对戏剧和表演艺术的热爱和推崇。体育场则是古希腊人民举办体育竞技和庆典活动的场所，是古希腊文明中体育精神和竞技精神的象征。古希腊城邦的城市规划和建筑风格不仅是古代文明的杰作，也是人类文明史上的重要遗产，对后世的城市规划和建筑设计产生了深远的影响和启示。古希腊城邦的城市规划和建筑风格展现了古希腊文明的独特魅力和历史价值，为世人留下了宝贵的文化遗产和精神财富。

3. 古罗马文明的城市布局与建筑风格

古罗马文明的城市布局体现了其军事和行政中心的集中和治理能力的精湛。古罗马城市规划注重道路的规划和建设，创建了世界上最宽阔的古代道路网，连接了整个罗马帝国的各个角落，促进了政治和经济的交流和发展。此外，古罗马城市的规划还注重公共设施和社会服务设施的设置，建造了剧场、游乐场、市场和公共浴场等，为城市居民提供了丰富的文化娱乐和社会服务。

古罗马的城市规划注重工程建设和水利设施的建造，修筑了许多大型浴场、水道和桥梁。浴场是古罗马人民日常生活中不可或缺的场所，体现了古罗马人民对清洁卫生和个人护理的重视。水道和桥梁的建设则展现了古罗马人民在工程建设和水利工程方面的技术造诣和文明进步，为城市的交通运输和水利灌溉提供了重要保障。古罗马文明的城市布局和建筑风格不仅是古代文明的杰作，也是人类文明史上的重要遗产，对后世的城市规划和建筑设计产生了深远的影响和启示。古罗马城市规划和建筑风格展现了古罗马文明的独特魅力和历史价值，为世人留下了宝贵的文化遗产和精神财富。

（二）城市管理制度的创新与发展

古代城市规划不仅体现在城市空间布局和建筑风格上，还体现在城市管理制度的创新和发展上。古代文明通过建立城市管理机构、制定城市管理法规和加强市政建设等措施，为古代城市的稳定和繁荣提供了坚实的制度保障和管理支撑。

1. 建立城市管理机构

首先，我们要深入探讨古代文明中城市管理机构的历史演变。古代文明中，城市管理机构的建立标志着城市化进程的成熟，为城市治理和社会秩序的维护提供了重要保障。在古希腊，城邦制度的建立使得政治和行政管理有了相对完善的体系，政府议会和行政官员的设立不仅保障了政治的民主化，也为城市日常管理提供了稳定的管理框架。其次，我们应该探讨古罗马帝国的城市管理机构，这是古代城市管理机构发展的另一个典范。罗马市政委员会和城市执法机构的设立为城市公共设施管理和行政法规的施行提供了坚实的基础，使罗马城成为古代文明中最为繁荣的城市之一。

古代文明的城市管理机构不仅仅是政治管理的体现，更是社会治理和文明发展的重要标志。例如，中国古代的都城建设也为中国古代城市管理机构提供了丰富的历史案例。从秦始皇统一六国到明清时期的王朝都城，中国古代都城的建设与管理体系一直在不断完善。类似于中国的长安城管理机构，负责城市的规划、道路建设、市场管理及社会治安维护等方面的工作，是中国古代城市管理机构中的典型代表。

其次，中世纪欧洲的城市管理机构也有其独特之处。欧洲中世纪的市镇制度为城市管理机构的发展提供了新的契机，市议会和市长制度的建立使得城市管理机构的运作更加制度化和法律化，为城市经济的发展和社会秩序的维护提供了坚实的保障。这些城市管理机构在中世纪欧洲的城市化进程中起到了至关重要的作用，为欧洲城市文明的崛起提供了不可或缺的支撑。

最后，我们要对古代城市管理机构的遗产和影响进行全面评估。古代城市管理机构的建立和发展为现代城市管理体系的形成和完善提供了重要的历史借鉴和启示。古代城市管理机构在政治、经济、社会和文化等方面的作用和影响都是不可忽视的。对古代城市管理机构的研究有助于我们更好地理解城市化进程的历史演变和社会制度的发展规律，也为当代城市管理工作提供了宝贵的经验和教训。

2. 制定城市管理法规

古代文明中的城市管理法规是维护城市秩序和社会稳定的重要手段。在古埃及，土地管理法规对农业的稳定发展和土地资源的合理利用起到了重要作用。该法规规定了土地的所有权和使用权，为土地的分配和管理提供了明确的法律依据，保障了农民的利益和土地的可持续利用。其次，在古代中国，诸如《周礼》等法典也对城市的管理和秩序有着重要影响。这些法典规定了土地的所有制、市场交易的规范及社会秩序的维护，为中国古代城市的稳定发展提供了有力支撑。

古代罗马的市政法规是古代城市管理法规的典范之一。这些法规规范了城市建筑的结构和设计，确保了城市建设的质量和安全。同时，罗马法典中的市场交易法规也为罗马帝国内贸易和经济的繁荣提供了法律保障，为城市的经济发展提供了重要支撑。这些法规的制定和实施体现了古代罗马对城市管理的重视和对社会秩序的维护。

古代文明中的城市管理法规不仅是城市治理的重要手段，也是社会稳定和秩序维护的重要保障。例如，古希腊的城邦制度中的法律法规为城市的政治管理和社会秩序的维护提供了重要支持。此外，古代印度的城市管理法规也是古代文明的重要组成部分。古代印度的城市规划和管理体系对古代印度城市文明的发展和繁荣起到了重要作用，其城市管理法规涉及城市建筑的规范、市场交易的管理及社会秩序的维护，为古代印度城市的稳定发展提供了重要保障。

另外，我们要深入探讨古代城市管理法规对当代城市管理的影响和启示。古代城市管理法规中蕴含的城市规划、建设和管理经验对当代城市管理工作具有重要借鉴意义。古代城市管理法规的制定和实施为现代城市治理提供了宝贵经验，其注重城市规划、建筑质量和市场秩序的法治化管理的理念对当代城市的可持续发展和社会稳定具有重要借鉴意义。

3. 加强市政建设

古代文明中注重市政建设的理念体现了古代统治者对城市发展和社会稳定的高度重视。在古埃及，尼罗河的治理和灌溉系统的建设为古埃及文明的繁荣提供了重要基础。埃及古代的水利工程建设不仅改善了农业生产条件，也为城市的供水和排水系统提供了有力支持，保障了城市居民的生活水平和社会稳定。

在古代中国，诸如修建大运河、修筑长城等工程也体现了古代中国政府对城市基础设施建设的高度重视。这些工程的建设不仅提升了交通运输的效率，也加强了国家的边防防御能力，为中国古代城市的发展和社会稳定提供了重要支撑。

古代希腊的市政建设是古代城市文明的重要组成部分。古希腊城邦制度中的公共设施建设为古希腊城市的文化繁荣和公共活动提供了重要保障。雕像、剧院和广场等公共设施的建设丰富了城市的文化氛围，为古代希腊城市的文化繁荣和社会稳定提供了坚实支撑。古希腊的城市规划和建设理念为现代城市规划和公共设施建设提供了重要借鉴和启示。其次，在古罗马，市政建设工程的建设为古罗马帝国的繁荣和发展提供了重要支撑。古罗马修筑了大量的道路、浴场和水道，提升了城市的交通便利性和市民生活水平，为古罗马城市文明的繁荣和社会秩序的维护提供了重要保障。古罗马的城市规划和建设理念对后世城市建设的发展具有重要的借鉴意义。

古代城市市政建设的成功经验为当代城市规划和基础设施建设提供了重要借鉴和启示。古代城市的市政建设不仅注重基础设施的建设，更重视城市文化和公共空间的建设，为城市的文化繁荣和社会稳定提供了重要支撑。古代城市的市政建设经验为当代城市规划和公共设施建设提供了重要借鉴，其注重交通便利性、环境卫生和公共活动空间的建设理念为现代城市发展提供了重要启示。

我们应该深入探讨古代城市市政建设的意义和价值，这些古代城市的成功建设经验对当代城市的可持续发展和社会稳定具有重要指导意义。

二、近现代城市规划的兴起与发展

（一）工业革命背景下的城市规划变革

在工业革命背景下，城市规划经历了深刻的变革和转型。工业化进程促进了城市化的快速发展，工业城市成为城市规划的新焦点。城市规划开始从以往以商业和居住为中心的传统布局转向以工业为核心的新型城市规划设计。工业用地的合理布局和工业区与居住区的分离成为工业城市规划的重要特征。城市交通的规划与建设也受到了前所未有的重视，交通枢纽和道路网的建设成为城市规划的重要内容。

1. 工业用地布局的变革

工业革命对城市规划中工业用地布局的变革带来了全新的挑战和机遇。随着工业生产规模的迅速扩大，工业用地的合理布局成为城市规划中的重要议题。在英国工业革命初期，工业区的布局相对混乱，工厂和住宅区混杂在一起，给居民的生活环境带来了严重影响。因此，工业城市规划开始注重工业用地的规划和布局，以改善居民生活环境，保障城市居民的生活质量。

工业城市规划注重工业用地集约化和高效化的发展模式。工业区的规划开始注重集中规划和统一管理，通过合理划分工业用地，区分不同产业的用地区域，实现工业生产的集聚效应和产业协同发展。例如，工业园区的设立和发展，可以将不同类型的企业集中在一起，形成产业集群，实现资源共享和产业协同发展，提高工业生产的效率和竞争力。

工业城市规划强调工业区与居住区的分离。为了减少工业对居民生活的影响，改善居民的生活环境和生活质量，工业城市规划开始将工业区和居住区进行有效分离。例如，通过划定工业区和居住区的界限，采取有效的环境保护措施和治理措施，减少工业污染对居民生活的影响，保障居民的身体健康和生活质量。同时，工业城市规划也注重工业用地的生态环境保护和绿色发展，推动工业生产与环境保护的协调发展。

工业城市规划中工业用地布局的变革为当代城市规划和产业发展提供了重要借鉴和启示。工业城市规划中对工业用地布局的合理规划和管理经验为现代城市规划和工业发展提供了重要借鉴和启示，其集约化和高效化的发展模式对促进产业升级和转型具有重要意义。同时，工业城市规划中强调工业区与居住区的分离和环境保护的理念为现代城市可持续发展和生态文明建设提供了重要借鉴和参考，有助于推动城市产业结构的优化和调整，实现经济增长与环境保护的良性互动。

2. 交通规划的重要性凸显

工业化进程中城市交通规划和建设的重要性凸显了城市发展中交通运输的关键作用。随着工业生产规模的不断扩大和城市人口的快速增长，城市交通运输成为工业城市发展中不可或缺的重要组成部分。交通规划和建设的合理性直接影响着城市的经济发展和社会进步。在工业城市中，交通枢纽和道路网的建设对于促进工业品流通、人员流动及城市资源的合理配置具有重要作用。

工业城市交通规划开始注重交通规划的系统性和完整性。合理的交通规划不仅包括道路、桥梁等基础交通设施的规划建设，还需要考虑公共交通、交通枢纽和交通管理系统等多方面的因素。规划合理的交通网络和交通设施，可以提高城市交通的便捷性和效率，缓解交通拥堵和减少能源消耗。例如，合理规划的交通网络可以降低交通运输成本，提高城市的运输效率，促进城市产业的发展和经济的繁荣。

城市交通规划的合理性与城市发展的可持续性密切相关。合理的交通规划可以有效缓解交通拥堵、减少环境污染和能源消耗，促进城市可持续发展和生态环境的保护。例如，发展公共交通和鼓励非机动车出行，可以有效减少汽车排放对城市环境的影响，提高城市空气质量，改善居民的生活环境和生活质量。同时，合理的交通规划也可以提高城市的交通安全性，降低交通事故的发生率，保障居民的人身安全和财产安全。

城市交通规划的重要性在当代城市发展中仍然得到凸显。随着城市化进程的不断加快和城市人口的持续增长，城市交通运输问题愈发得到凸显。因此，加强城市交通规划和建设，推动交通设施的升级和完善，优化城市交通结构，提高城市交通运输效率和服务质量，已经成为当前城市发展中的重要议题。同时，结合新技术和新模式，推动智能交通系统的建设和应用，优化城市交通管理，提升城市交通运输的智能化水平，将对城市交通运输的可持续发展和城市的长期健康发展产生重要影响。

3. 环境保护和卫生条件改善

工业城市规划中环境保护的重要性日益凸显。随着工业生产规模的不断扩大和工业化进程的加快，环境污染成为制约工业城市可持续发展的重要因素。工业城市规划着力引入环境因素的考量和规划，建立工业区环保设施和环境保护区，加强对工业生产过程中污染物的排放治理和监管，促进工业生产的清洁化和环保化转型。通过推动清洁生产技术和绿色制造理念的应用，减少污染物排放和资源消耗，实现工业发展与环境保护的良性互动。

工业城市规划注重卫生条件的改善，提高居民的生活质量和健康水平。随着城市人口的增加和工业生产的扩大，卫生问题日益凸显。城市规划着力建立卫生设施和社会服务设施，提高居民的生活质量和健康水平。例如，建设污水处理厂、垃圾处理设施及公共卫生设施等，加强对城市生活垃圾和污水的处理和管理，改善城市的卫生环境和居民的生活条件。同时，加强对食品安全和环境卫生的监管和管理，保障居民的身体健康和生活安全。

工业城市规划中环境保护和卫生条件改善的举措对城市可持续发展和社会稳定具有重要意义。环境保护和卫生条件的改善不仅关乎居民的生活质量和健康水平，也影响着城市的发展。加强环境保护和卫生条件的改善，可以提高居民的生活幸福感和满意度，促进城市社会和谐稳定地发展。同时，加强环境保护和卫生条件改善的举措也有助于提升城市形象和品质，吸引更多的投资和人才，促进城市经济的可持续发展和城市竞争力的提升。

工业城市规划中环境保护和卫生条件改善的措施需要与经济发展和社会进步相结合，形成系统的城市发展战略和规划方案。加强环境保护和卫生条件改善的政策和措施，可以实现工业城市的可持续发展和社会进步，为城市的绿色发展和生态文明建设提供重要支撑。

（二）近现代城市规划体系的建立和完善

近现代城市规划逐渐从简单的空间布局转向了更为综合的城市规划体系。在城市化进程中，各国政府开始注重城市规划的长远发展，提出了一系列新的城市规划理念和方法。城市总体规划逐步完善，涵盖了城市功能、用地结构、交通布局、生态环境等多个方面的内容，对城市的整体发展提供了全面的规划指导。

1. 城市总体规划的全面完善

近现代城市规划体系的建立标志着城市规划理念的深刻变革。城市总体规划不再局限于简单的空间布局，而是逐渐涵盖了城市功能、用地结构、交通布局、生态环境等多个方面的内容。城市总体规划的编制不仅考虑了城市的空间布局和土地利用，更注重了城市发展的长远性和可持续性，将城市发展与生态环境保护紧密结合起来，为城市的整体发展提供了系统性的规划指导和决策支持。

近现代城市总体规划注重城市功能的合理配置和优化布局。城市总体规划着力优化城市功能布局，通过合理规划不同功能区域的用地，实现城市功能的互补和协同发展。例如，将商业区、居住区、工业区等功能区域进行合理划分和布局，提高城市功能的整体效率和服务水平。同时，注重发展绿色生态功能区和文化教育功能区，增强城市的生态环境和文化底蕴，提升城市的软实力和竞争力。

近现代城市总体规划强调交通布局与城市发展的密切关联。城市总体规划着力优化交通布局，通过规划建设高效的交通网络和交通枢纽，提高城市的交通便捷性和效率，缓解交通拥堵和减少能源消耗。同时，注重发展公共交通和非机动车交通，推动智能交通系统的建设和应用，提高城市交通运输的智能化水平和服务质量。

近现代城市总体规划注重生态环境保护与城市发展的协调发展。城市总体规划着力推动生态环境保护和城市可持续发展的协同推进，通过保护生态系统、改善生态环境，实现城市的生态文明建设和可持续发展。注重建设生态绿地和城市绿化带，提高城市的生态环境质量和居民的生活舒适度。同时，加强对环境污染的治理和管理，推动绿色产业的发展和绿色生产方式的应用，促进经济发展与生态环境保护的良性循环。

近现代城市总体规划的全面完善为城市的整体发展提供了系统性的规划指导和决策支持。城市总体规划的建立和完善标志着城市规划理念的深刻转变，体现了人们对城市发展的长远性和可持续性的重视，为城市的可持续发展和社会进步提供了重要支撑。同时，近现代城市总体规划的实施也为当代城市规划和城市发展提供了宝贵经验和借鉴。

2. 区域规划和功能规划的协调发展

近现代城市规划体系的建立突出了区域规划的重要性，强调城市与周边地区的协调发展和功能互补。区域规划通过考虑城市所处的地理环境、生态条件和资源禀赋，提出了合理的区域发展战略和空间布局。区域规划，注重了城市与周边地区的生态联通和资源共享，推动了城市与周边地区的协同发展，实现了区域经济的共同繁荣和可持续发展。区域规划的建立为城市周边地区的生态环境保护和资源利用提供了科学依据和决策支持。

近现代城市规划体系强调了功能规划在城市发展中的重要作用。功能规划侧重于城市内部各功能区域的协调布局和有机组织，通过合理规划城市的用地结构和功能布局，优化了城市的空间结构和功能布局，提高了城市的整体运行效率和竞争力。例如，通过科学合理地规划商业区、工业区、居住区等不同功能区域的空间布局和位置关系，可以提高城市的资源利用效率，促进城市经济的多元发展和产业的协同发展。

近现代城市规划体系强调了区域规划和功能规划的协同发展。区域规划和功能规划相互结合，相互促进，共同推动城市的综合发展和综合治理。协调区域规划和功能规划的关系，可以实现城市与周边地区的协调发展和互利共赢，促进城市空间结构的优化和功能布局的合理化。同时，区域规划和功能规划的协同发展也有助于提高城市的整体竞争力和综合发展水平，实现城市的可持续发展和生态文明建设。

近现代城市规划体系的建立为区域规划和功能规划的协调发展提供了重要的理论指导和实践支持。区域规划和功能规划的协调发展为城市的综合发展提供了重要的保障和支撑，为实现城市的绿色发展和生态文明建设提供了有力支持。注重区域规划和功能规划的协调发展，可以实现城市与周边地区的和谐共生和互利共赢，促进城市经济的繁荣发展和社会的和谐稳定。

3. 城市设计的人文关怀与美学考量

城市规划体系的建立逐渐强调了城市设计的重要性，将人文关怀和美学考量融入城市规划和建设过程中。城市设计不仅仅关注城市的功能性和实用性，更注重城市空间的人文特色和文化内涵。注重城市空间的人文关怀，城市设计强调了公共空间的塑造和城市形象的营造，提升了城市的整体文化品质和形象。

城市设计注重公共空间的打造和城市环境的塑造。城市设计强调公共空间的多样化和多功能化，通过规划和设计城市公园、广场、步行街等公共空间，营造具有人文关怀和美学价值的城市环境。注重公共空间的文化内涵和功能性，城市设计为居民提供了丰富多彩的文化生活空间和休闲活动场所，提高了居民的生活品质和幸福感。

城市设计注重城市形象的营造和城市景观的塑造。城市设计通过注重城市形象的营造，塑造了具有文化内涵和美学价值的城市景观和城市风貌。通过规划和设计具有地方特色和文化传承的建筑风格和城市景观，城市设计为城市注入了丰富的文化底蕴和历史积淀，提升了城市的整体文化氛围和文化品位。

城市设计在城市发展中发挥着越来越重要的作用。城市设计不仅为城市的功能布局提供了有力支持，更为城市的发展注入了人文关怀和美学价值。注重城市空间的美感和文化内涵，城市设计为城市的可持续发展和生态文明建设提供了重要支撑。同时，城市设计也为城市的形象提升和品质提升提供了重要保障，促进了城市的软实力和竞争力的提升，为城市的可持续发展和社会进步注入了新的动力和活力。

第三节　城市规划的基本原则和概念

一、土地利用合理性的原则

（一）科学规划与生态环境保护

城市规划的土地利用合理性原则之一是注重科学规划与生态环境保护的平衡。规划设计，需要全面考虑土地资源的稀缺性和生态系统的脆弱性。这包括保护城市周边的耕地资源、自然生态绿地和生态景观，合理配置城市用地结构，以实现城市土地的可持续利用和生态平衡发展。科学规划不仅要注重城市用地的合理布局和规划，还要将生态环境保护作为城市规划的重要任务，促进城市的生态系统健康和稳定发展。

1. 保护耕地资源和生态绿地

城市规划的土地利用合理性原则中，科学规划与生态环境保护的平衡是关键。在城市发展中，保护周边的耕地资源和自然生态绿地是至关重要的。合理规划土地用途结构，合理划分建设用地和绿地用地，确保城市的可持续发展和生态平衡。保护耕地资源，可以保障粮食生产和粮食安全，保护自然生态绿地，可以改善城市的生态环境，提升居民的生活质量和幸福感。

2. 合理配置城市用地结构

在城市规划中，合理配置城市用地结构是确保土地利用合理性的重要手段。科学规划城市建设用地、居住用地、商业用地和公共设施用地，使各类用地相互衔接、相互配合，形成合理的空间布局和结构。合理配置城市用地结构，可以提高土地的利用效率和利用价值，推动城市经济的持续发展和社会的和谐稳定。

3. 促进生态系统健康和稳定发展

城市规划应当注重促进生态系统的健康和稳定发展。规划城市的生态景观、生态保护区和生态廊道，促进城市生态系统的恢复和重建，保障城市的生态环境质量和生态系统的稳定性。科学规划和生态环境保护的有机结合，可以实现城市的可持续发展和生态环境的持续改善。

（二）经济效益与社会效益的统筹考虑

城市规划的土地利用合理性原则之二是要注重经济效益和社会效益的统筹考虑。在规划设计过程中，相关人员需要充分考虑土地利用的经济效益和社会效益，并将二者有机地结合起来。这包括注重提高土地利用的产出效率和社会效益回报，促进城市土地资源的有效配置和社会经济的可持续发展。在土地利用规划中，相关人员需要统筹考虑不同类型用地的经济效益和社会效益，确保土地的合理配置能够兼顾经济发展和社会福祉，实现经济效益和社会效益的良性互动和协同增效。

1. 社会效益与土地利用规划

首先，城市规划中注重土地利用的社会效益是城市可持续发展的重要保障之一。注重提升土地利用的社会效益回报和社会福祉提升，可以有效促进城市经济的发展和社会的和谐稳定。合理规划和布局公共设施用地，如教育设施、医疗设施和文化设施等，可以提高居民的生活品质和福祉水平，满足居民的日常生活需求和文化娱乐需求。同时，注重社区服务设施用地的合理规划和布局，可以提高社区居民的生活幸福感和社区凝聚力，促进社区的和谐稳定和社会的长期发展。

其次，城市规划中注重社会效益的提升也体现在公共设施用地的合理规划和布局上。规划公园绿地、社区活动中心和文化场所等社会设施用地，可以丰富城市的公共文化生活，提高居民的文化素养和文化品位，促进社会文明进步和社会文化繁荣。同时，合理规划和布局公共交通设施用地，可以提高城市的交通便利性和交通效率，促进城市交通运输的智能化和绿色化发展，降低居民出行成本，提高城市交通运输的服务水平和品质。

再次，城市规划中注重土地利用的社会效益还体现在社区服务设施用地的合理规划和布局上。规划社区医疗服务设施、社区文化活动中心和社区公共安全设施等，可以提高社区居民的生活保障和安全保障水平，增强社区居民的安全感和幸福感，促进社区的和谐稳定和社会的长期发展。同时，注重社区服务设施用地的合理规划和布局，可以提高社区的社会服务水平和社区的综合服务能力，满足社区居民多样化的服务需求，促进社区居民的全面发展和社会的和谐进步。

最后，城市规划中注重土地利用的社会效益不仅体现在公共设施用地和社区服务设施用地的合理规划和布局上，更体现在城市规划和建设的整体社会效益和社会福祉的提升上。统筹考虑社会效益和社会福祉，实现城市的和谐稳定和社会发展的持续进步，可以促进城市社会的全面进步和城市文明的持续发展。

2. 经济效益和社会效益的协同增效

城市规划中注重经济效益和社会效益的协同增效是城市可持续发展的重要保障之一。统筹考虑经济发展和社会福祉，可以促进城市经济的快速发展和社会福祉的持续提升，实现经济效益和社会效益的良性互动和协同增效。合理规划城市的功能布局和空间结构，可以提高城市经济的发展效率和社会福祉的改善水平，促进城市社会的全面进步和城市文明的持续发展。

城市规划中注重经济效益和社会效益的协同增效体现在优化城市产业结构和提升产业效益方面。优化产业结构，调整产业布局，促进产业升级和转型，可以提高城市经济的发展质量和效益水平，促进城市经济的持续健康发展和社会福祉的不断提升。注重培育新兴产业和壮大优势产业，可以提高城市产业的整体竞争力和综合实力，促进城市产业的快速发展和社会福祉的长期改善。

城市规划中注重经济效益和社会效益的协同增效体现在优化城市空间布局和提升空间效益方面。合理规划城市用地结构和功能布局，提高土地利用效率和资源利用效率，可以优化城市空间结构，提升城市空间效益和社会福祉水平，促进城市空间的合理利用和资源的可持续利用。注重发展智能城市和绿色城市，可以提高城市的环境质量和生活品质，促进城市的生态文明建设和社会文明的进步。

城市规划中注重经济效益和社会效益的协同增效不仅体现在城市的经济发展和社会福祉提升上，更体现在城市的可持续发展和生态文明建设上。科学规划和管理，实现经济效益和社会效益的良性循环和共同提升，可以促进城市经济的绿色发展和生态文明建设，实现城市的可持续发展和社会的和谐稳定。注重经济效益和社会效益的协同增效，可以推动城市规划和建设的全面协调和全面发展，为城市的可持续发展和社会进步提供有力支撑。

二、社会包容性的概念

（一）多元文化的融合与共生发展

城市规划中的社会包容性强调了多元文化的融合与共生发展。这一原则要求规划设计在城市建设过程中尊重和容纳不同社会群体的文化特点和社会需求。通过促进文化交流和共享，城市规划可以创造一个多元共生的社会环境，鼓励不同文化之间的交流和互动，从而促进社会的和谐稳定和文化的繁荣发展。在城市规划中融入多元文化的元素，可以建立一个包容性的社会环境，使各种文化得以充分展现和共存。

1. 文化交流的促进与文化资源的整合

在城市规划中积极促进文化交流与融合是保障城市文化多样性和文化繁荣的重要途径之一。城市作为文化交流的重要平台，应该为不同文化提供展示和交流的机会，鼓励多样的文化活动和交流平台的建设，促进不同文化之间的相互理解和尊重。举办文化节、艺术展览、文化讲座等活动，可以促进不同文化之间的交流与融合，丰富城市的文化内涵，提升城市的文化品位和文化魅力。

城市规划应重视文化资源的整合和利用，推动城市文化资源的共享和共同开发。整合城市内的文化资源，可以促进城市文化的多样发展，提高城市文化的综合竞争力和影响力。规划和建设文化中心、文化广场、文化遗址等文化设施，可以提升城市的文化软实力和文化影响力，促进城市文化的繁荣发展和多元共生。整合城市的文化资源，可以丰富城市的文化内涵，提升城市的文化品位，推动城市文化的可持续发展和传承。

城市规划应注重打造文化交流与融合的平台和载体，促进不同文化之间的深度互动和交流。规划和建设文化交流中心、文化交流展览馆、国际文化交流基地等，可以为不同文化提供交流和互动的平台，促进不同文化之间的相互学习和交流，推动城市文化的国际交流和互鉴。积极促进国际文化节、文化交流展览、文化交流座谈会等活动的举办，可以促进不同文化之间的相互了解和尊重，推动城市文化的国际交流与合作。

在城市规划中注重文化交流与融合的重要性同时也需要关注文化传承与创新的平衡。在促进文化交流与融合的同时，要注重传统文化的传承和保护，注重文化创新和创造，实现传统文化与现代文化的有机融合和创新发展。规划和建设文化遗产保护区、文化创意产业园区等，可以保护传统文化的传承与发展，促进城市文化的创新与活力，推动城市文化的融合与共生。

2. 文化多样性的保护与传承

城市规划注重保护和传承文化多样性是保障城市文化传统和独特性的重要途径之一。保护和修复城市内的传统文化遗产，可以传承城市的历史文化根脉，保持城市文化的连续性和传统性，弘扬城市的文化传统和精神内涵。注重传统建筑的保护和传承，可以传承城市的建筑风貌和城市的历史文化记忆，促进城市文化的传统传承和历史延续。

城市规划应注重鼓励传统文化的传承和创新，展现城市文化的多样性和独特性。鼓励传统文化的传承和发展，可以保护传统文化的独特性和多样性，促进传统文化的创新和发展，提升城市文化的综合品位和内涵价值。注重传统技艺的传承和发展，可以提高传统工艺的艺术价值和文化魅力，促进传统工艺的传承与发展，推动城市文化的创新和活力。

城市规划应注重培育文化传承人才和专业人才，提升城市文化传承的能力和水平。加强文化教育和人才培养，可以提高文化传承人才和专业人才的水平和专业素养，推动传统文化的传承与发展，展现城市文化的多样性和独特性。注重文化传承机构和平台的建设与发展，可以提升城市文化传承的整体能力和水平，促进城市文化传承的深入开展和全面推进，实现城市文化传承的全面发展和持续创新。

城市规划应注重营造良好的文化传承环境和氛围，推动城市文化传承的良性循环和全面发展。营造文化传承的良好环境和氛围，可以促进城市文化传承的积极开展和广泛参与，推动城市文化传承的蓬勃发展和繁荣兴盛，实现城市文化的可持续发展和社会进步。

（二）公平正义与社会福利的提升

城市规划的社会包容性应当注重公平正义和社会福利的提升。这包括解决社会中存在的不平等和不公正问题，改善社会弱势群体的生活条件和福利保障。城市规划可以通过规划社会福利设施、改善社区基础设施和提供公共服务，来促进社会的公平和公正，实现社会福利的普惠发展。通过提高社会公平正义水平，城市规划可以建设一个更加公平和谐的社会环境，使城市的发展成果更多地惠及广大社会群体。

1. 公平正义问题的解决与社会弱势群体的关怀

城市规划的社会包容性应注重解决社会中存在的不平等和不公正问题。制定并执行相关政策和措施，可以减少社会不平等现象的出现，提高社会公平正义的水平，促进社会的和谐稳定发展。建立社会公平正义的评估指标体系，可以客观评估社会公平正义水平的情况，及时发现和解决社会中存在的不平等和不公正问题，促进社会的公平正义意识的提高和社会公平正义水平的不断提升。

城市规划的社会包容性应注重关注社会弱势群体的生活条件和福利保障。建立社会福利设施和社会救助机制，可以提高社会弱势群体的生活保障水平，改善社会弱势群体的生活环境和社会福利待遇，促进社会弱势群体的全面发展和社会福利水平的提高。建立社会弱势群体的关怀机制和保障机制，可以加强对社会弱势群体的关怀和保障，提高社会弱势群体的生活幸福感和社会满意度，促进社会的和谐稳定发展和社会公平正义水平的提升。

城市规划的社会包容性应注重改善社区基础设施和提供公共服务。改善社区基础设施和完善公共服务，可以提高社区居民的生活便利性和社会福利水平，促进社区居民的全面发展和社会福利水平的提升。注重提升社区公共服务水平和提高社区居民的满意度，可以促进社区居民的生活质量和社会福利水平的不断提高，推动社会的和谐稳定发展和社会公平正义水平的全面提升。

城市规划的社会包容性应注重建立公平正义的社会秩序和社会环境。加强社会公平正义意识的宣传和教育，可以提高社会公平正义意识的普遍性和广泛性，促进社会公平正义观念的深入人心和社会公平正义水平的不断提升。建立公平正义的社会治理体系和社会管理机制，可以提高社会公平正义的实现水平和社会公平正义的维护水平，促进社会的和谐稳定发展和社会公平正义水平的全面提升。

2. 社会福利设施的规划与基础设施的改善

城市规划应注重规划社会福利设施，以提升社会的公平正义水平。在城市规划中，相关部门应根据社会需求和人口分布合理规划社会福利设施的布局和布设。这包括规划医疗保健机构，包括综合医院、社区诊所等，为城市居民提供全面的医疗保健服务；规划教育培训机构，包括学校、培训中心等，为居民提供优质的教育资源和培训机会；规划社会救助中心，为弱势群体提供必要的社会救助和支持。规划合理的社会福利设施布局，可以提高社会的公平正义水平，促进社会的和谐稳定发展和社会福利水平的提升。

城市规划应注重改善社区基础设施，提升社区的生活质量和便利程度。改善社区基础设施，可以提高居民的生活便利性和社会福利水平，促进社区的全面发展和社会福利水平的提升。改善社区基础设施包括提升道路交通的便捷性和畅通性，改善供水供电等公共设施的可靠性和稳定性，提升社区公共空间的舒适性和安全性。改善社区基础设施，可以提高社区居民的生活质量和幸福感，促进社区的和谐稳定发展和社会福利水平的提升。

城市规划应注重提高社会福利设施和社区基础设施的服务质量和管理水平。提高社会福利设施和社区基础设施的服务质量，可以满足居民多样化的需求，提升居民的满意度和幸福感。加强社会福利设施和社区基础设施的管理水平，可以提高资源利用的效率和管理的科学性，促进社会福利设施和社区基础设施的可持续发展和社会福利水平的不断提升。提高服务质量和管理水平，可以促进社会福利设施和社区基础设施的全面发展和社会福利水平的提升。

城市规划应注重提升社会福利设施和社区基础设施的整体水平和综合效益。整合社会福利设施和社区基础设施的资源和服务，可以提高资源利用的效率和社会福利的综合效益，促进城市社会福利水平的全面提升和社会福利水平的持续发展。提升社会福利设施和社区基础设施的整体水平和综合效益，可以提高城市的整体形象和社会福利水平，促进城市的可持续发展和社会福利水平的不断提升。

3. 公共服务水平的提升与社会福利的普惠发展

城市规划应注重提升公共服务设施的覆盖范围，以满足不同社会群体对公共服务的多样化需求。建立完善的公共交通系统，包括地铁、公交、轻轨等，可以提高城市交通的便捷性和效率，满足居民日常出行的需求；建设文化娱乐设施，包括博物馆、图书馆、剧院、体育馆等，可以丰富居民的文化生活和娱乐休闲选择；建设社区活动中心，为社区居民提供丰富多彩的社区活动和社交空间，促进社区居民的交流和互动。提升公共服务设施的覆盖范围，可以满足不同社会群体对多样化公共服务的需求，促进城市公共服务水平的全面提升和社会福利水平的普惠发展。

城市规划应注重提升公共服务设施的服务质量，以提高社会群体对公共服务的满意度和幸福感。优化公共交通系统的运营管理和服务水平，提高交通运输的安全性和便捷性，提升居民对公共交通服务的满意度和信赖度；丰富文化娱乐设施的文化内涵和艺术魅力，提高文化娱乐设施的吸引力和影响力，提升居民对文化娱乐服务的满意度和参与度；提升社区活动中心的服务质量和活动丰富性，提高社区活动中心的社区凝聚力和社区互动性，促进社区居民对社区活动的积极参与和支持。提升公共服务设施的服务质量，可以提高社会群体对公共服务的满意度和幸福感，促进城市公共服务水平的提升和社会福利水平的普惠发展。

城市规划应注重提升公共服务设施的管理效率，以提高公共服务设施的运营效率和管理水平。建立科学合理的公共服务管理机制和运营管理体系，优化公共服务设施的资源配置和利用效率，提高公共服务设施的管理水平和运营效率，实现公共服务设施的优质高效运行；加强公共服务设施的信息化建设和智能化管理，提升公共服务设施的信息化水平和智能化服务水平，提高公共服务设施的服务效能和管理效率，推动公共服务设施的现代化发展和管理创新。提升公共服务设施的管理效率，可以提高城市公共服务的整体水平和社会福利水平的普惠发展。

城市规划应注重提升公共服务设施的可持续发展水平，以保障公共服务设施的长期稳定运行和社会福利的持续发展。注重公共服务设施的可持续发展规划和管理，建立健全的公共服务设施运营机制和维护保障体系，保障公共服务设施的长期稳定运行和社会福利的持续发展；加强公共服务设施的环境保护和资源节约，实施绿色环保的公共服务设施建设和管理，促进公共服务设施的可持续发展和社会福利水平的不断提升。提升公共服务设施的可持续发展水平，可以实现公共服务的长期稳定提供和社会福利的持续发展，促进城市公共服务水平的不断提升和社会福利水平的普惠发展。

第四节　城市规划与可持续发展的关系

一、可持续发展理念的融入

（一）资源节约与循环利用的重要性

城市规划中融入资源节约和循环利用的理念至关重要。这意味着规划设计需要科学规划城市的能源消耗和物资利用，推动城市产业结构的优化升级和资源利用效率的提升。制定合理的资源利用政策和措施，城市可以更有效地利用有限的资源，促进经济的可持续发展和环境的整体改善。资源的循环利用也是城市可持续发展的关键环节之一，建立完善的废物回收和再利用系统，城市可以实现资源的有效再利用，减少资源的浪费和环境的污染。

1. 资源节约与循环利用的有效手段

首先，城市规划中的资源节约和循环利用是实现城市可持续发展的有效手段之一。制定合理的资源利用政策和措施，可以促进城市经济的可持续发展和环境的整体改善。其中，推动能源节约和资源有效利用的技术创新和产业升级是关键步骤之一。通过引入先进的节能技术和清洁能源技术，城市可以提高能源利用效率和降低资源消耗强度，实现能源的可持续利用和环境的整体改善。

其次，建立完善的废物回收和再利用系统也是推动资源循环利用的重要手段。城市可以通过建立废物分类回收系统和资源再利用产业链条，将废弃物转化为可再生资源，实现资源的有效循环利用，减少废弃物的排放和对环境的不良影响。

再次，加强资源利用效率和循环利用技术的研究和创新有助于提高资源利用水平和资源利用效率。城市可以通过加强资源利用效率和循环利用技术的研究和创新，不断提高资源利用效率和资源利用水平，实现资源的有效利用和循环利用，促进城市经济的可持续发展和环境的整体改善。

最后，加强资源节约和循环利用的宣传和教育也是推动城市资源节约和循环利用的重要途径。城市可以通过开展资源节约和循环利用的宣传教育活动，提高公众对资源节约和循环利用意识的重视和认识，培养公众的资源节约和循环利用习惯，推动城市资源节约和循环利用的良性发展。加强资源节约和循环利用的宣传和教育，可以提升公众的环保意识和促进其环保行为，促进城市资源节约和循环利用的全面推进，实现城市可持续发展和环境的整体改善。

2. 经济效益与环境效益的双赢局面

城市规划中注重资源节约和循环利用可以带来经济效益的提升。通过有效的资源利用和管理，城市可以降低生产成本和资源消耗，提高资源利用效率和经济效益。合理利用能源资源和物质资源，推动能源结构的优化和产业结构的升级，有利于提高城市产业竞争力和经济发展水平。

循环利用废弃物和再生资源可以促进资源利用的高效化和产业链的闭合化。通过建立废物回收和再利用系统，城市可以将废弃物转化为可再生资源，实现资源的有效循环利用，降低资源的浪费和环境的污染。通过建立循环经济产业链，城市可以实现资源的高效利用和产业的可持续发展，促进城市经济的绿色发展和循环发展。

资源节约和循环利用可以有效促进环境效益的提升和生态环境的改善。通过减少资源的浪费和环境的污染，城市可以降低环境污染和生态破坏的风险，保护和改善生态环境和生物多样性。推动城市绿色发展和生态文明建设，促进城市环境质量的提升和生态系统的健康发展。

经济效益和环境效益的双赢局面是城市可持续发展的重要保障和基础。通过实现经济效益和环境效益的协调统一，城市可以建立一个良性循环的发展模式，促进经济的可持续发展和环境的整体改善。同时，加强资源节约和循环利用的宣传教育也是推动城市可持续发展的重要途径。开展资源节约和循环利用的宣传教育活动，提高公众对资源节约和循环利用意识的重视和认识，培养公众的资源节约和循环利用习惯，推动城市资源节约和循环利用的良性发展。通过加强资源节约和循环利用的宣传教育，城市可以提升公众的环保意识和促进其环保行为，促进城市资源节约和循环利用的全面推进，实现城市可持续发展和环境的整体改善。

3. 资源管理与可持续发展的长远目标

城市规划中的资源节约和循环利用需要建立科学合理的资源管理制度和政策体系。城市可以通过建立资源管理部门和机构，制定资源管理的具体措施和实施方案，加强对资源利用过程的监管和管理。建立资源管理制度和政策体系，有利于规范资源利用行为和促进资源利用的合理化和科学化。

城市还需要加强对资源利用效率的监测和评估，建立资源利用的评价指标体系和评估标准，全面了解资源利用的情况和效果。通过科学评估和监测，城市可以及时发现和解决资源利用过程中存在的问题和隐患，提高资源利用效率和资源利用水平。

城市需要加强对环境保护的监管和控制，制定严格的环境保护政策和法规，保障资源利用过程中的环境安全和生态平衡。通过建立环境保护部门和机构，加强对环境污染和生态破坏的监测和治理，城市可以保护和改善生态环境和生物多样性，促进生态系统的健康发展和生态环境的持续改善。

资源管理与可持续发展的长远目标相结合，可以为城市可持续发展提供坚实的制度保障和发展支撑。城市需要加强资源管理和环境保护的协调统一，确保资源利用和环境保护的双重目标得到有效实现，实现城市可持续发展的长远目标和战略部署。通过建立资源管理和环境保护的协调机制和合作机制，城市可以促进资源利用的科学化和环境保护的专业化，实现资源管理与可持续发展的良性互动和协同发展。

（二）环境保护与生态恢复的必要性

城市规划中融入环境保护和生态恢复地理念能够有效提升城市生态环境的质量和可持续发展水平。规划生态保护区和生态景观带、建设城市湿地和水系系统等措施，可以保护和修复城市生态系统的完整性和稳定性，促进城市生态环境的持续改善和优化。通过生态保护区的规划和管理，城市可以实现生态系统的平衡发展和生物多样性的保护，促进自然生态系统的恢复和重建。同时，加强城市水务系统的规划和建设可以有效改善城市水环境质量，提升城市居民的生活品质和生态环境的可持续发展水平。

1. 生态保护区的规划与管理

第一，科学规划和管理生态保护区有助于保护城市生态系统的完整性和稳定性。生态保护区作为城市生态系统中的重要组成部分，具有重要的生态功能和生物多样性价值，对维护生态系统平衡和生物链稳定具有重要意义。科学规划和划定生态保护区边界，可以限制不必要的开发和利用，减少对生态环境的破坏和生物栖息地的丧失，保护和维护野生动植物栖息地和自然生态景观，实现城市生态系统的平衡发展和功能完善。

第二，加强对生态保护区的监测和评估有助于及时采取保护措施和修复措施，保障生态系统的健康发展和可持续利用。生态保护区的管理需要不断监测生态系统的动态变化和生物多样性的演变，评估生态系统的健康状况和生态环境的质量变化，及时发现和解决生态环境存在的问题和隐患，保障生态系统的稳定性和可持续利用。通过制定合理的管理措施和修复计划，城市可以促进生态系统的恢复和重建，提高生态系统的抗干扰能力和适应能力，实现城市生态系统的平衡发展和生态环境的持续改善。

第三，加强生态保护区的科研和教育推广有助于提升公众对生态环境保护的认知和重视。生态保护区作为生态环境保护的重要阵地和生态科研的重要基地，能够为城市提供丰富的生态资源和科研数据，促进城市生态环境保护的科学化和智能化发展。通过开展生态保护区的科研和教育推广活动，城市可以提高公众对生态保护的认知和重视，引导公众积极参与生态保护和环境治理，形成全社会共同参与生态环境保护的良好氛围和积极合力。

2. 水系系统的规划与建设

通过科学规划城市水系系统，城市可以有效改善城市水环境质量和生态环境的稳定性。合理规划城市内部的河流、湖泊和湿地等水域，可以有效调节城市水资源的分布和利用，提高城市水资源的利用效率和水资源的可持续利用水平。合理规划城市水务系统的建设，能够有效促进城市水资源的整合利用和综合管理，提高城市水资源的利用效率和水环境质量，保障城市水资源的可持续利用和生态环境的整体平衡发展。

加强城市水系系统的管理和维护有助于防止水体污染和水域生态系统的退化，保护水域生态环境和水生生物的生存条件。城市水务系统的管理需要充分考虑水体的保护和水生生物的保护，建立健全的水域生态保护机制和管理体系，加强水域生态环境的监测和评估，及时发现和解决水体污染和生态破坏问题，保障水体生态环境的稳定和水生生物的生存环境。通过加强城市水系系统的管理和维护，城市可以实现水资源的科学利用和生态环境的可持续发展，保障城市水资源的安全供应和生态环境的整体稳定。

推动水系系统的生态修复和生态保护有助于促进城市水环境的持续改善和生态系统的稳定发展。城市水系系统的规划与建设需要充分考虑水体的生态修复和生态保护，促进水体生态系统的恢复和重建，提高水生生物的生存环境和生态系统的稳定性。推动水系系统的生态修复和生态保护，可以实现水体生态环境的持续改善和生态系统的健康发展，保障城市水环境的稳定和生态系统的平衡发展，促进城市水资源的可持续利用和生态环境的整体改善。

加强水系系统的科学研究和技术创新有助于提高城市水环境的保护和管理水平。城市水系系统的规划与建设需要不断加强水环境保护的科学研究和技术创新，推动水环境保护技术的创新和发展，提高城市水环境保护的科学化水平和智能化水平，促进城市水环境保护的可持续发展和智能化管理。通过加强水系系统的科学研究和技术创新，城市可以不断提高水环境保护的管理水平和服务水平，提升城市水资源的综合利用水平和生态环境的整体质量，推动城市水资源的可持续利用和生态环境的整体改善。

3. 生态恢复与城市可持续发展

（1）城市规划中融入生态恢复的理念能够有效促进城市生态系统的健康发展和生态环境的持续改善。通过规划和实施生态恢复措施，城市可以修复和重建受损的生态系统，提高生态系统的稳定性和复原能力，促进自然生态环境的恢复和城市生态系统的健康发展。生态恢复措施包括土地的植被恢复、生态功能区的建设和生态系统服务的提升等，可以有效改善城市的生态环境质量和促进城市生态系统的稳定发展。

（2）生态恢复可以提升城市生态环境质量和居民的生活品质，促进城市可持续发展和生态文明建设。生态恢复可以改善城市的空气质量和水质环境，提高城市的生态环境质量和居民的生活品质，促进城市居民身心健康的全面发展。生态恢复与城市可持续发展密切相关，城市规划需要充分考虑生态恢复措施的长期效益和社会经济效益，促进城市生态环境的持续改善和可持续发展水平的提升。

（3）加强生态恢复的科学研究和技术创新有助于提高生态环境质量和生态系统服务功能。城市规划中融入生态恢复的理念需要加强生态恢复技术的研究和创新，推动生态恢复技术的创新和发展，提高城市生态环境质量的管理水平和服务水平，促进城市生态环境的持续改善和生态系统服务功能的提升。通过加强生态恢复的科学研究和技术创新，城市可以不断提高生态环境质量的保护水平和生态系统服务功能的提升，促进城市生态环境的持续改善和生态系统的健康发展。

（4）推动生态恢复与城市经济社会的协调发展有助于促进城市的绿色发展和可持续发展。城市规划中融入生态恢复的理念需要加强城市经济社会与生态环境的协调发展，促进城市经济社会的绿色转型和可持续发展，实现城市生态环境质量的提升和经济社会效益的增加，促进城市经济社会与生态环境的良性互动和协同发展。通过推动生态恢复与城市经济社会的协调发展，城市可以实现生态环境质量的提升和经济社会效益的增加，促进城市可持续发展和生态文明建设的深入推进。

二、生态建设与绿色发展的实践

（一）城市绿地建设与生态廊道规划的重要性

城市规划中注重城市绿地建设和生态廊道规划对于改善城市的生态质量和提升居民的生活品质至关重要。规划城市公园和社区绿地、建设城市绿色景观和城市森林公园，可以有效增加城市的绿色覆盖率，改善城市的生态环境，促进城市生态系统的健康发展。城市绿地的建设不仅有利于调节城市气候和改善空气质量，还能提供休闲娱乐场所，促进居民身心健康的全面发展。

1. 城市绿地建设的重要性

首先，城市绿地建设是改善城市生态环境质量的重要途径之一。城市作为人口聚集和经济活动中心，常常面临着严重的空气污染和环境问题。规划和建设城市绿地，可以有效吸收空气中的污染物质，净化空气质量，改善城市环境，为居民提供清新的空气和良好的生活环境。

其次，城市绿地建设有利于提升居民生活品质和幸福感。城市绿地不仅是居民休闲娱乐的场所，还是其社会交交流和文化活动的重要空间。规划和建设城市公园、社区绿地及绿色景观，可以为居民提供休闲健身的场所，提高居民的生活质量和幸福感，促进居民身心健康的全面发展。

再次，城市绿地建设有助于增加城市生态系统的稳定性和促进生态功能的完善。城市绿地不仅可以提供良好的生态环境，还可以保护生物多样性，促进生态系统的平衡发展。规划和建设城市绿地，可以提供适宜的栖息地和繁殖场所，保护和恢复濒危植物和动物物种，维护生态系统的稳定性和完整性。

最后，城市绿地建设是实现城市可持续发展的重要支撑和基础。城市绿地不仅可以提高城市的生态环境质量，还可以调节城市的气候和环境，提高城市的自然生态功能。规划和建设城市绿地，可以减轻城市热岛效应，调节城市气温，改善城市生态环境，为城市的可持续发展提供重要支撑和基础。

2. 生态廊道规划的意义与作用

生态廊道的规划和设计有助于促进城市生态系统的健康发展和生态环境的可持续改善。生态廊道作为城市绿地系统的重要组成部分，能够连接城市内部不同绿地节点，促进生态功能的提升和生物多样性的维护。规划和建设生态廊道，可以增加城市绿地系统的连通性和一体化，提高城市生态系统的稳定性和弹性，实现城市生态系统的平衡发展和功能完善。

生态廊道的规划和建设有助于改善城市生态结构，促进城市生态环境的整体改善和生物多样性的保护。生态廊道作为生态功能区和生态节点之间的重要连接通道，能够减少生态断裂和生物迁徙障碍，促进生物种群的迁移和交流，维护生态系统的完整性和稳定性。规划和建设生态廊道，可以提高城市生态系统的抗干扰能力，减少生态环境的破坏和生物栖息地的丧失，促进城市生态系统的恢复和重建。

生态廊道的规划和建设有助于提升城市景观品质和发掘生态旅游资源，促进城市旅游业的发展和生态文明建设。生态廊道作为城市生态景观带和休闲旅游走廊，能够为市民提供休闲健身的场所和自然教育的基地，丰富城市居民的文化生活和生态体验。规划和建设生态廊道，可以提高城市的景观品质和发掘生态旅游资源，吸引游客和投资者的关注和参与，促进城市旅游业的发展和经济的增长，为城市的可持续发展提供新的增长点和动力。

生态廊道的规划和建设有助于促进城市生态文明建设和社会生态意识的提升。生态廊道作为城市生态文明建设的重要载体和平台，能够提升居民的生态环境意识和生态保护意识，促进居民的环保行为和绿色生活方式，推动城市生态文明建设和社会文明进步。

规划和建设生态廊道，可以加强城市公众对生态环境保护的认知和理解，引导居民积极参与生态保护和环境治理，形成全社会共建绿色生态城市的良好氛围和积极合力。

（二）绿色交通系统和低碳城市设计的意义

城市规划中注重绿色交通系统和低碳城市设计可以有效减少城市交通排放和环境污染，实现城市交通的可持续发展和生态环境的保护。规划城市交通网络和智能交通系统、建设城市自行车道和步行街区，可以提升居民的出行便利性和城市交通的绿色化和低碳化。绿色交通系统的建设不仅有利于缓解交通压力和减少交通拥堵，还能提高交通运输效率和节约能源消耗。低碳城市设计的实施可以降低城市的碳排放量，促进城市的可持续发展和环境质量的改善，为城市居民营造一个更加清洁、宜居的生活环境。

1. 绿色交通系统对城市可持续发展的意义

绿色交通系统的规划和建设可以有效改善城市的交通状况。随着城市化进程的加快和人口的快速增长，城市交通压力日益加剧，交通拥堵和交通事故频发成为制约城市发展和居民生活质量的重要问题。因此，规划城市交通网络和智能交通系统，合理引导和分流交通流量，建设更加便捷和安全的交通设施，可以有效缓解城市交通压力，提高交通运输的效率和质量，为居民提供更加便利和舒适的出行环境。

绿色交通系统的建设有助于节约能源消耗和减少环境污染。传统交通方式主要依赖于石油等化石能源，存在能源消耗大、碳排放量高等问题，对环境和生态系统造成严重影响。而绿色交通系统则采用了更加清洁和节能的交通方式，包括公共交通、自行车出行及步行街区的建设，有效降低了交通运输的能耗和碳排放量，减少了空气污染和环境噪声，改善了城市的生态环境质量，为保护生态系统和提升居民生活质量作出了重要贡献。

绿色交通系统的建设对于促进城市交通运输产业的升级和发展具有重要意义。随着科技的不断进步和社会经济的快速发展，交通运输业也在不断迈向智能化和绿色化方向。绿色交通系统的建设不仅推动了传统交通方式向清洁能源和智能交通的转变，而且促进了交通运输产业的技术创新和结构调整，推动了交通运输业的转型升级和智能化发展，为城市经济的高质量发展提供了有力的支撑和保障。

绿色交通系统的建设还有助于提升居民的生活品质和促进社会的和谐发展。绿色交通系统的建设不仅提高了居民的出行便利性和交通安全性，而且改善了城市的环境质量和生活环境，促进了居民生活的幸福感和满意度。同时，绿色交通系统的建设还有助于改善社会的整体和谐和稳定，促进了城市居民之间的交流和互动，增进了社会的凝聚力和向心力，推动了城市社会的和谐发展和人文精神的传承。

2. 低碳城市设计对环境保护的重要意义

低碳城市设计的实施可以有效降低城市的碳排放量和能源消耗。随着工业化进程和城市化发展的加快，城市的能源消耗量不断增加，碳排放量不断增加，对环境造成了严重的污染和破坏。低碳城市设计，可以推动城市能源结构的优化和能源利用效率的提升，采用清洁能源替代传统能源，减少化石能源的使用，有效降低碳排放量，减少对环境的不利影响，保护生态系统的完整性和稳定性。

低碳城市设计的实施可以促进城市产业结构的升级和优化。传统的工业生产模式主要依赖于高能耗、高污染的生产方式，对环境造成了严重的破坏。低碳城市设计通过推动产业结构的绿色化和循环化发展，鼓励发展清洁能源产业和节能环保产业，优化产业结构，减少对自然资源的消耗和污染物的排放，实现经济发展与环境保护的双赢局面，为构建资源节约型、环境友好型社会提供了重要支撑和保障。

低碳城市设计对于促进城市生态建设和环境质量的改善具有积极意义。随着城市化进程的加快和城市人口的快速增加，城市面临着环境污染、生态破坏等严峻挑战。低碳城市设计不仅可以减少城市的污染物排放，改善城市的空气质量和水质环境，还可以促进城市绿地和生态景观建设，提高城市的生态环境质量和居民的生活品质，为保护生态系统和改善环境质量做出重要贡献。

低碳城市设计对于推动城市可持续发展和生态文明建设具有重要意义。低碳城市设计可以促进城市资源的合理利用和循环利用，推动城市的可持续发展和绿色发展，为实现资源节约、环境友好、社会和谐的可持续发展目标提供了重要保障和支撑。同时，低碳城市设计还可以促进城市居民的环保意识和节能意识的提升，推动居民参与环境保护和生态建设，形成全社会共同参与、共建共享的良好局面，为推动生态文明建设注入了强大动力和活力。

第三章　房屋征收背景与法律框架

第一节　房屋征收的定义和背景

一、房屋征收的背景与重要性

房屋征收是指政府依法依规，基于公共利益目的，对特定范围内的房屋及相关附属设施实施征收的行为。在城市发展和基础设施建设过程中，房屋征收作为一种重要手段，用以保障公共利益和城市可持续发展。房屋征收的背景主要源自城市的不断扩张和基础设施建设的需要。随着城市人口的增加和经济的发展，城市不断向外扩张，导致城市用地需求不断增大。同时，城市基础设施的建设和更新也需要大量的土地资源和房屋空间。因此，房屋征收作为一种权力行使方式，成为城市规划和基础设施建设中不可或缺的手段之一。

二、城市扩张背景下的房屋征收需求

随着城市人口的增长和经济的发展，城市需要不断扩大规模，以容纳更多的人口和提供更多的经济活动空间。城市扩张背景下，对于原有土地和房屋的利用就成了一个重要的问题。在城市扩张的过程中，一些旧有的住宅区、工业区或农业区需要被清空，以便为新的城市发展和建设让路。此时，政府可能需要通过征收手段来收回土地和房屋，以满足城市发展的需要。

（一）城市扩张压力

随着城市人口的增加，城市面临着不断扩张的压力。为了应对日益增长的人口需求，城市需要开发新的住宅区域和经济活动空间，这就需要进行相应的房屋征收，以适应城市规模的不断扩大。

1. 城市人口增长压力

第一，城市人口增长压力源自人口的集聚现象。随着城市化进程的不断推进，人口不断拥入城市，尤其是那些经济较为发达的一线和二线城市，这导致城市人口密度显著

增加。这种人口集聚带来了对住房、用地和基础设施的更大需求，进而促使城市进行规模性扩张和相应的房屋征收。

第二，城市经济发展的需求也是城市人口增长压力的重要来源。城市作为经济活动的中心，吸引了大量的人口拥入，为企业和居民提供了更多的发展机遇。这种快速的经济发展需要更多的办公场所、商业空间和住房设施，推动了城市用地和房屋资源的进一步需求与扩张。

第三，社会服务需求的增加也是城市人口增长压力的重要原因之一。随着城市功能的不断提升和社会需求的多样化，城市居民对于社会服务设施、文化娱乐场所及公共服务设施的需求不断增加。为了满足居民日益增长的社会服务需求，城市需要不断扩大其面积，增加相应的社会服务设施，这进一步推动了城市的规模扩张和房屋征收的需求。

城市人口增长压力是多方面因素综合作用的结果，需要城市规划者和决策者综合考虑人口集聚、经济发展和社会服务需求等方面的因素，合理规划城市的发展布局，提高城市的发展效率和质量，以满足日益增长的人口需求和提升居民生活质量的期许。

2. 城市面积扩张压力

城市功能的不断扩展和完善带来了城市面积扩张的压力。随着城市功能的日益多元化和完善化，城市需要更多的用地来建设各类功能区，例如商业区、居住区、工业区和文化区等。这些功能区的扩展和建设对城市用地面积提出了更高的要求，推动了城市用地面积的不断扩张。

土地资源的匮乏也是导致城市面积扩张压力的重要原因之一。在一些地区，由于地形、地貌等自然条件的限制，城市用地资源相对匮乏，这使得城市需要更加有效地利用现有的土地资源来满足城市的用地需求。这就需要对原有土地资源进行合理的规划和利用，包括通过房屋征收来满足城市用地的扩张需求。

城市规划布局的调整也推动了城市面积的扩张。随着城市功能布局的不断优化和调整，一些旧有的住宅区、工业区或农业区需要进行调整和改造，以适应城市发展的需要。这可能需要通过房屋征收来进行相应的调整和改造，以确保城市的发展能够顺利进行并满足不断增长的功能布局需求。

因此，城市面积扩张的压力源于城市功能的不断扩展和完善、土地资源的匮乏及城市规划布局的调整需求。城市规划者和决策者应当充分考虑这些因素，制定合理的城市规划方案，有效利用和管理城市的用地资源，促进城市的可持续发展和优化布局。

3. 城市用地资源利用压力

城市用地资源的紧张是导致城市用地资源利用压力的关键因素之一。在许多经济发达地区，土地资源已经变得十分紧张，城市面临着日益严峻的土地资源问题。为了更好地利用有限的土地资源，城市需要采取措施来优化土地资源的配置和利用效率，其中包括通过房屋征收来实现土地资源的合理利用和高效配置。

城市用地结构的调整也是导致城市用地资源利用压力的重要原因之一。随着城市用地结构的不断调整和优化，一些旧有的住宅区、工业区或农业区需要进行调整和改造，以适应城市发展的需要。这可能需要通过房屋征收来实现城市用地结构的调整和优化，确保城市用地资源能够得到更加有效的利用和配置。

土地利用效率的提升是缓解城市用地资源利用压力的重要途径之一。通过房屋征收，城市可以更好地提升土地利用效率，实现土地资源的高效利用和合理配置。通过科学规划和合理布局，城市可以最大限度地提高土地利用效率，为城市的可持续发展提供更加坚实的支撑和保障。

因此，城市用地资源的紧张、城市用地结构的调整及土地利用效率的提升是导致城市用地资源利用压力的重要因素。城市规划者和决策者应当深入研究和分析这些因素，制定相应的政策和措施，推动城市土地资源的合理利用和优化配置，促进城市的可持续发展和空间布局的科学优化。

（二）土地资源矛盾

城市的土地资源有限，而城市的用地需求却在不断增加，这导致城市用地的供需矛盾日益突出。因此，通过房屋征收来调节和优化土地利用结构，成为缓解土地资源矛盾的重要手段。

1. 土地资源日益紧张

城市化进程的加速推进使得大量农村人口拥入城市，这导致了城市人口的快速增长和城市用地需求的急剧增加。人口的增长使得城市需要提供更多的居住用地、商业用地、工业用地等，而这些用地资源的有限供给却无法满足日益增长的需求，导致了土地资源的日益紧张。

随着经济的快速发展，城市经济活动的不断扩张需要更多的用地来建设工厂、商业设施和办公场所等。特别是在一些经济发达地区，经济活动的密集程度更高，对土地资源的需求也更加紧迫。城市作为经济发展的核心引擎，其土地资源的紧张供给对经济的可持续发展构成了重大挑战。

随着城市功能的不断完善和提升，人们对于城市用地的多样化需求也在不断增加。城市不仅需要提供居住空间，还需要提供商业区、文化设施、公共服务设施等多种功能区域。这些不同功能的用地需求之间的竞争使得城市用地资源日益紧张，城市用地的供给和需求之间出现了较大的缺口。

由于城市土地资源日益紧张，一些地区出现了土地资源过度开发和滥用的现象。不合理的土地利用和过度开发导致了一些地区的土地资源严重受损，甚至出现了土地荒漠化和生态环境恶化的情况。这对城市的可持续发展构成了巨大威胁，也为城市居民的生活质量和生态环境带来了严重影响。

2. 土地利用效率不高

一些城市存在着土地利用不均衡的问题，即部分土地得到了充分利用，而另一部分土地却存在着严重的闲置和浪费现象。一些城市中的工业遗存区、废弃工地及空置的商业用地等都是存在土地利用效率不高的典型案例。这些闲置的土地资源没有得到有效利用，不仅浪费了宝贵的城市用地资源，还增加了城市土地供给的压力。

城市中的土地利用结构不合理也是导致土地利用效率不高的重要原因之一。一些城市在土地规划和利用过程中存在着片面追求规模而忽视品质的问题，导致一些地区出现土地利用混乱和不合理的现象。例如，一些地区出现了低密度的住宅用地与高密度商业用地之间的搭配不当，导致了土地利用效率的低下。

一些地区存在着土地规划和利用缺乏统筹规划和整体考虑的问题。在城市的土地利用过程中，一些地区存在着各部门之间协调不足、规划缺乏整体性等问题，导致土地利用效率不高。不同部门之间的利益冲突、规划方向不一致等问题使得土地利用的规划和利用缺乏整体性，影响了土地利用效率的提升。

一些地区的土地利用规划和管理水平不高，缺乏科学的土地利用评估和监管机制，导致了土地利用效率不高的问题。缺乏科学的土地利用评估机制和监管机制使得城市土地利用过程中出现了一些不合理的现象，例如一些土地被用于低效的建设项目，而高效的土地却被浪费或者被滥用。因此，加强土地利用规划和管理，建立科学的土地利用评估和监管机制是提高土地利用效率的关键。

3. 城市用地结构不合理

城市用地结构不合理常常表现在城市功能区域的错位和混乱拓展。一些城市中存在着商业区、工业区、居住区等功能区域错综复杂地混杂在一起的情况。例如，一些工业区位于城市中心或者居民区附近，而商业区域却分散在城市的各个角落，这种错位和混乱的用地结构不仅影响了城市的整体形象，也增加了土地资源的浪费程度。

城市用地结构不合理还表现在城市用地规划和利用过程中缺乏整体性和系统性。一些城市在土地规划和利用过程中存在着局部决策、短视行为等问题，导致了城市用地结构的不合理。例如，一些地区在追求经济利益和短期效益的同时忽视了长远规划和整体利益，导致了城市用地结构的混乱和不合理。

城市用地结构不合理还表现在城市功能布局的单一性和缺乏多样性。一些城市中存在着功能布局过于单一的现象，例如过度依赖某一种产业或者功能，导致了城市用地结构的不均衡和不合理。这种单一的功能布局不仅限制了城市功能的多样化发展，也限制了城市土地资源的充分利用。

城市用地结构不合理还表现在城市土地资源的过度消耗和浪费。一些城市在土地利用过程中存在着盲目开发和利用的问题，导致了一些宝贵的土地资源被过度消耗和浪费。这种过度消耗和浪费不仅增加了城市用地资源的紧张程度，也加剧了土地资源矛盾的严重程度。为了解决这一问题，城市需要加强对土地资源的规划和管理，促进城市用地结构的合理化和优化。

三、基础设施建设驱动的房屋征收需求

随着经济的快速发展和社会需求的不断提升，城市对基础设施的需求也日益增长。基础设施建设包括道路、桥梁、铁路、机场、港口、水利设施等，这些基础设施的建设往往需要占用大量的土地和房屋资源。在基础设施建设背景下，政府可能需要对部分房屋进行征收，以确保基础设施建设的顺利进行，并为公众提供更好的服务和生活条件。

（一）基础设施建设的紧迫性

随着经济社会的发展，基础设施建设对城市发展至关重要。为了建设更完善的交通、通信和水利等基础设施，政府需要对部分房屋进行征收，以腾出空间来满足基础设施建设的需求。

1. 交通基础设施建设需求与房屋征收

在城市交通基础设施建设方面，随着城市化进程的不断推进和交通需求的日益增长，城市对交通设施的要求也日益提高。

（1）随着城市人口的增加和车辆的增多，城市道路的拥堵问题日益突出，交通运输效率得不到有效保障，给市民的出行带来了诸多不便。

（2）城市经济的快速发展和产业的不断扩大，对物流和货运需求也提出了更高的要求，需要更为便捷和高效的交通网络来支撑城市的物流运输体系。

（3）随着城市功能的不断扩展和完善，城市需要更加宽敞和便捷的交通道路来支持不同区域之间的交通联系，以促进城市各功能区的有机连接和发展。

（4）城市交通基础设施的建设不仅关乎城市交通运输的便利性，也直接影响着城市的形象和竞争力。因此，政府需要通过对部分房屋的征收来腾出足够的空间，建设宽阔通畅的道路和高效便捷的交通网络，以提高城市交通运输的效率和水平，促进城市的可持续发展和竞争力提升。

2. 通信基础设施建设需求与房屋征收

在通信基础设施建设方面，城市需要建设更为完善的通信网络和信息系统，以满足社会公众对信息服务的日益增长的需求。

（1）随着信息技术的快速发展和应用，人们对通信网络的要求也越来越高，需要更快速、更稳定的通信服务来支持各类信息传输和共享。

（2）随着数字经济的蓬勃发展，城市需要建设更为先进的信息系统和智能设施，以推动城市信息化建设和智慧城市的发展。

（3）信息通信技术在促进城市经济发展、社会治理和公共服务方面发挥着重要作用，这需要通过部分房屋的征收来建设更为完善的通信基础设施，提升城市的信息化水平和

竞争力。

（4）城市通信基础设施的建设不仅关乎城市信息服务的便捷性，也直接影响着城市的信息化水平和创新发展能力。因此，政府需要通过对部分房屋的征收来腾出足够的空间，建设更为先进的通信设施和信息系统，提高城市信息服务的质量和水平，促进城市信息化建设的深入发展。

3. 水利基础设施建设需求与房屋征收

第一，随着城市化进程的加速和人口数量的不断增加，城市的水资源供需矛盾日益突出，水利基础设施建设的需求变得迫切。城市需要建设更为完善的水利设施，包括但不限于水库、水厂、供水管网等，以保障城市的供水能力和水资源利用效率。在现代城市的快速发展中，水是基本的生存要素，因此，提高供水能力是确保城市可持续发展的基础。另外，为了保护水资源、改善水质，城市还需建设环保设施，例如污水处理厂、雨水收集系统等，以提高城市水资源的可持续利用效率。

第二，面对水利基础设施建设所需的巨大空间需求，政府需要对部分房屋进行征收。这是确保城市水利设施和环保设施有足够空间展开的必要举措。在征收过程中，政府需要严格遵守相关法律法规，保障居民的合法权益，同时确保征收补偿的公平和合理性。此外，政府还应当加强与民众的沟通，充分解释水利设施建设的重要性及其对城市环境保护和可持续发展的积极影响，以增强居民对征收工作的理解和支持。

第三，水利基础设施建设与房屋征收是城市可持续发展的关键环节。水利设施的建设不仅仅是解决城市供水问题，更是保证城市生态环境的根本保障。建设完善的水利设施，可以有效调节水资源的分配，提高城市水资源的利用效率，减少水资源的浪费与污染，实现城市水资源的可持续利用。同时，房屋征收虽然会对一部分居民生活造成一定程度的影响，但这是为了更大范围的利益着想，为城市的长远发展和环境保护作出的必要的牺牲。

第四，水利基础设施建设和房屋征收工作需要政府、专业机构和社会各界的共同努力。政府应当建立科学合理的规划体系，确保水利设施建设与房屋征收工作的有序进行，并加强对相关工作的监管与评估。专业机构要提供科学技术支持，确保水利设施的建设质量和环保设施的有效运行。同时，社会各界应当加强对水资源利用和环境保护意识的宣传，促进公众参与城市可持续发展的过程。只有政府、专业机构和社会各界共同努力，才能实现城市水资源利用效率的提高、环境质量的改善，以及城市可持续发展目标的实现。

（二）社会公众需求

基础设施建设直接关乎社会公众的生活质量和发展水平。政府需要通过征收措施来保障公众的基本生活需求和交通出行便利性，促进城市基础设施水平的提升。

1. 基础设施建设对城市居民生活水平的提升

基础设施建设对城市居民生活水平的提升具有显著意义。在现代城市生活中，优质的供水设施是保障居民日常用水需求的重要基础。通过建设高效、安全的供水设施，城市居民可以享受到清洁、安全的饮用水，减少水源污染对健康的潜在影响，提高生活质量。此外，完善的供水设施还能为城市的工业生产和经济发展提供可靠的保障，促进社会经济的稳定增长。

健全的交通基础设施对居民的生活影响深远。城市交通拥堵问题直接影响居民的出行效率和生活质量。建设高效的道路网络、现代化的公共交通系统及智能化的交通管理系统，可以有效缓解交通拥堵，提高交通运输效率，减少通勤时间，提升居民的生活便利性和舒适度。此外，良好的交通基础设施也为城市的商业发展和产业布局提供了便利条件，促进了城市经济的蓬勃发展。

城市公共服务设施的完善对提升居民生活水平具有重要意义。便捷的医疗设施能够提供及时有效的医疗服务，保障居民的身体健康；优质的教育设施可以提供良好的教育资源，促进居民的全面发展；丰富的文化娱乐设施能够满足居民多样化的文化需求，提升居民的精神生活品质。这些公共服务设施的完善不仅提升了居民的生活幸福感，也有助于增强城市的文化软实力和社会凝聚力，促进城市社会和谐稳定地发展。

基础设施建设对城市居民生活水平的提升需要政府、企业和社会各界的共同努力。政府应当加强规划管理，合理配置资源，确保基础设施建设的高效进行。企业应当发挥市场主体作用，加大投入，提高建设质量，促进城市基础设施的创新发展。同时，社会各界应当积极参与公共事务，提升公共服务意识，促进社会资源的共享与利用，共同推动城市居民生活水平的持续提升。

2. 基础设施建设对社会公众发展潜力的提升

基础设施建设的完善对城市的发展潜力具有重要推动作用。一方面，充足的基础设施资源是吸引外部投资的重要因素。具备完善基础设施的城市往往更受投资者青睐，吸引了更多的资本和技术进入，推动了产业的升级和转型。例如，现代化的交通设施不仅能提高城市的运输效率，还能降低物流成本，促进商品流通，为企业的发展提供便利，从而带动城市经济的快速增长。另一方面，良好的教育基础设施能够为城市培养更多高素质的人才，为城市未来的科技创新和产业升级提供强有力的支撑。

基础设施建设的完善能够促进城市创新能力的提升。现代化的基础设施不仅为企业提供了更好的生产环境和便利条件，也为科技创新提供了必要的支撑。例如，高速网络基础设施的完善能够促进信息和技术的快速传播和交流，激发创新活力，推动科技成果转化为生产力。同时，完善的科研设施和技术研发平台也能够吸引更多高端人才的聚集，促进科技成果的不断涌现，提升城市的科技创新水平。

基础设施建设的完善对创造就业机会和提升人民生活水平具有重要意义。充足的基础设施不仅能够带动相关产业的发展，还能够直接创造大量的就业机会，为城市居民提供更多更稳定的工作岗位，提升他们的收入水平和生活品质。此外，良好的基础设施建设也能够吸引更多优秀人才的流入，提高城市的人才竞争力，推动人才资源的优化配置和高效利用，为城市的可持续发展注入源源不断的动力。

基础设施建设对城市发展潜力的提升需要政府、企业和社会各界的共同参与。政府应当加强政策引导和规划管理，提高基础设施建设的科学性和针对性。企业应当发挥市场主体作用，加大投入，提高技术水平，推动城市基础设施建设的创新发展。同时，社会各界应当积极参与公共事务，增强社会责任感，共同推动基础设施建设与城市发展水平的持续提升。

3. 基础设施建设对社会公众生态环境的改善

基础设施建设对城市生态环境的改善具有重要意义。建设环保设施，如污水处理厂和垃圾处理设施，可以有效减少污染物的排放，改善城市水体和空气质量，降低环境健康风险，保障居民的身体健康。有效处理污水不仅可以保护自然水资源的安全，也有利于维护水生态系统的平衡，促进水资源的可持续利用。此外，科学规划和管理垃圾处理设施能够有效降低垃圾污染对城市生态环境的影响，促进城市的可持续发展。

绿色基础设施的建设对改善城市生态环境起着重要作用。加强城市绿化建设，合理布局公园、绿地和植被覆盖区域，不仅能够提升城市的景观质量，也有助于改善空气质量，吸收有害气体，降低城市的气温，并且提供了居民休闲活动的场所。此外，生态保护区域的建设可以保护城市的自然生态系统，维护生物多样性，促进城市生态环境的平衡和稳定。这些绿色基础设施的建设不仅为居民提供了良好的生活环境，也有助于提升城市的整体生态文明水平。

基础设施建设应注重生态环境保护和可持续发展。在规划和建设过程中，应加强生态环境影响评价，合理布局建设项目，避免对生态环境造成不可逆转的影响。同时，应加强建设过程中的环境监测与评估，严格控制建设过程中的污染物排放，保障建设项目的环境友好性和可持续发展性。此外，科学推广节能环保技术，促进资源的循环利用和再利用，降低能源消耗和环境污染，助力城市生态环境的改善和可持续发展。

基础设施建设对城市生态环境的改善需要政府、企业和公众的共同参与和努力。政府应加强生态文明建设的政策引导和管理，促进基础设施建设与生态环境保护的有机结合。企业应加强环境保护意识，推动绿色发展理念落实，采用清洁生产技术，减少污染排放。公众应增强环境保护意识，积极参与生态环境保护和建设活动，共同营造良好的生态环境。只有政府、企业和公众齐心协力，才能实现城市生态环境的持续改善和可持续发展。

第二节　国家和地方层面的征收法律框架

一、国家层面房屋征收法律框架简介

房屋征收的国家层面法律框架主要包括《中华人民共和国土地管理法》《城市房屋征收与补偿条例》等相关法律法规。《中华人民共和国土地管理法》作为基本法律，规定了土地征收的程序和原则，为房屋征收提供了法律依据和基本框架。《城市房屋征收与补偿条例》则进一步细化了房屋征收的程序和补偿标准，明确了征收范围、补偿标准、征收程序、权利保障等具体内容，为房屋征收提供了详细的法律依据和操作指南。

（一）《中华人民共和国土地管理法》的作用与影响

《中华人民共和国土地管理法》作为国家层面房屋征收的基本法律框架，具有重要的法律地位和指导意义。该法规规定了土地使用、征收和补偿的基本原则和程序，明确了政府征收土地的程序与条件，保障了土地征收活动的合法性和规范性。其中，土地征收程序包括土地征收的立项、公告、补偿方案的制定和执行等环节。此外，该法还明确了土地征收的补偿标准和方式，保障了受征收人的合法权益不受损害。这为国家层面房屋征收提供了坚实的法律基础和操作指南。

（二）《城市房屋征收与补偿条例》的法律意义和实践作用

《城市房屋征收与补偿条例》作为国家层面的具体法规，对城市房屋征收的程序、补偿标准、权利保障等方面进行了详细规定。该条例进一步完善了房屋征收的法律框架，明确了房屋征收的程序和要求，规定了合理的补偿标准和补偿方式，保障了受征收人的合法权益不受损害。同时，条例对征收过程中的补偿协商、纠纷调解等环节也进行了具体规定，强化了法律的可操作性和有效性。这些法律规定为国家层面房屋征收提供了详细的操作指引，促进了房屋征收工作的规范化和科学化发展。

二、地方层面的房屋征收法律框架概述

地方层面的征收法律框架主要包括各地区制定的相关地方性法规和政策文件。在中国，各个省、自治区、直辖市根据当地的实际情况和发展需求，会制定相应的地方性法规和政策文件，用以细化和补充国家层面的法律框架。这些地方性法规和政策文件可能包括具体的征收程序、补偿标准和实施细则，以适应不同地区的差异化需求和特殊情况。

（一）地方性法规的制定与实施情况

在地方层面，各省、自治区、直辖市根据当地实际情况和发展需求，制定了相应的

地方性法规和政策文件，用以细化和补充国家层面的房屋征收法律框架。这些地方性法规包括地方性的征收程序、补偿标准、实施细则等具体规定，以适应各地区不同的经济发展水平、社会发展需求和民生保障要求。地方性法规的制定和实施有效弥补了国家层面法律框架的一些不足，保障了地方房屋征收工作的顺利开展。

（二）地方政策文件对房屋征收的规范与引导作用

除了地方性法规外，地方政府还会制定一系列政策文件来规范和引导房屋征收工作。这些政策文件可能包括地方政府的具体征收实施方案、征收对象的范围和补偿标准、征收程序的具体操作指南等内容。通过地方政策文件的制定和实施，地方政府能够更加精准地指导和管理本地区的房屋征收工作，促进地方房屋征收工作的规范化和科学化发展。

三、征收法律框架的程序规定和权利保障

征收法律框架在具体实施中注重程序规定和权利保障。在房屋征收的实施过程中，法律框架注重确保征收程序的合法合规和透明公正，保障相关当事人的合法权益不受侵害。征收程序包括征收的立项、公告、征收方案的制定、征收补偿的协商与签订、房屋征收的实施等环节。权利保障包括征收补偿的公平合理、产权的保护和移民安置的保障等方面，确保受征收者在征收过程中的合法权益得到有效保障和补偿。

（一）征收法律框架的程序规定

征收法律框架注重对房屋征收程序的规定。国家和地方层面的法律框架，都明确了征收的程序和要求，包括征收立项、公告程序、征收协商和补偿协议签订、征收补偿金的支付等具体环节。这些程序规定保障了房屋征收工作的合法性和规范性，确保了征收过程的公开透明和公平公正。

1. 征收立项和公告程序的规定

（1）征收立项程序的规定

在房屋征收的法律框架中，征收立项是整个征收程序的第一步。国家层面和地方层面的相关法规均规定了征收立项的程序和要求。一般而言，征收立项需要经过合法的决策程序，相关部门或机构需要进行充分的论证和调研，确定征收项目的必要性和合法性。在这一过程中，可能需要进行项目的可行性研究，对征收影响范围、征收补偿标准等方面进行科学论证和界定，确保征收项目的合法性和合理性。

（2）公告程序的规定及其意义

征收公告是征收程序的重要环节，也是保障征收公正透明的关键步骤。根据国家和地方法律框架的规定，征收公告应当充分而清晰地向社会公众公布征收项目的相关信息，包括征收范围、征收目的、征收程序、征收补偿标准等内容。这样的公告程序可以有效保障受征收人的知情权和参与权，让受影响的公众充分了解征收事项的相关情况，保障其合法权益得到有效保障和维护。

2. 征收协商和补偿协议签订的规定

（1）征收协商程序的重要性和意义

在房屋征收过程中，征收协商是保障受征收人合法权益的重要环节。根据国家和地方法律框架的规定，征收方在与受征收人协商补偿事宜时应当充分尊重其合法权益和合理诉求，依法进行公平、公正的协商，充分听取受征收人的意见和建议，确保补偿方案合理合法、符合公平公正原则。这样的征收协商程序可以有效化解因征收引发的纠纷和矛盾，维护社会稳定和谐发展。

（2）补偿协议签订的规定和程序要求

补偿协议的签订是征收补偿程序的重要环节，也是保障受征收人合法权益的法律手段。根据国家和地方法律框架的规定，补偿协议的签订应当在征收协商的基础上，依法合规进行，明确约定双方的权利和义务，确保补偿标准公平合理，补偿内容符合法律规定。补偿协议的签订不仅需要确保受征收人的合法权益得到有效保障，也需要保障政府的合法权益和征收活动的合法性。

3. 征收补偿金支付程序的规定

（1）征收补偿金支付程序的意义和重要性

征收补偿金支付是征收程序的最后阶段，也是保障受征收人合法权益的重要环节。根据国家和地方法律框架的规定，征收补偿金支付应当按照事先协商的补偿标准和程序进行，确保支付过程公开透明、合法合规，保证受征收人的合法权益得到充分保障。征收补偿金支付程序的规范化和合规化有利于维护社会公平正义，促进征收工作的顺利进行，保障城市建设和发展的良性循环。

（2）征收补偿金支付程序的操作细则和实践指南

在征收补偿金支付的具体操作中，国家和地方法律框架都会对支付程序进行详细规定，明确支付的对象、支付的方式、支付的时限等具体要求。这些操作细则和实践指南的制定能够帮助相关部门和机构更加有效地开展征收补偿金支付工作，提高支付的透明度和规范性，保障受征收人的合法权益得到有效维护和保障。

（二）征收法律框架的权利保障

征收法律框架注重对受征收人的合法权益进行保障。无论是国家层面还是地方层面的法律框架，都明确规定了受征收人的权利，包括合理的补偿标准、合法产权的保护和合理的移民安置等内容。这些权利保障措施确保了受征收人在征收过程中的合法权益得到有效保障和补偿，维护了社会公平正义和法治秩序的顺利运行。

1. 合理的补偿标准保障

（1）合理补偿标准的确立

在房屋征收过程中，法律框架明确规定了受征收人应当享有合理的补偿标准。这一规定是为了保障受征收人在征收过程中的合法权益不受损害，确保其能够按照公平合理的标准得到补偿。合理的补偿标准不仅包括房屋的市场价值，还应考虑到受征收人的实际损失、重新安置的成本、社会保障等因素，确保受征收人在征收过程中得到应有的补偿和保障。

（2）补偿标准的科学制定与调整

为保障受征收人的合法权益，法律框架强调补偿标准的科学制定和调整。确定补偿标准，需要充分考虑当地的经济发展水平、房屋市场价格水平、社会保障水平等因素，并且应当根据实际情况进行动态调整，确保补偿标准的科学性和适时性。科学合理的补偿标准制定能够有效保障受征收人的合法权益，维护社会的公平正义和法治秩序。

2. 合法产权的保护措施

（1）合法产权保护的法律保障

征收法律框架明确规定了受征收人的合法产权应当得到有效保护。无论是国家层面还是地方层面的法规都强调，征收过程中政府应当依法尊重和保护受征收人的合法产权，不得侵犯其合法权益。保护合法产权不仅是维护个人权益的需要，也是维护社会公平正义和法治秩序的必然要求。

（2）合法产权保护的实践落地与监督机制

为保障合法产权得到有效保护，法律框架要求建立健全的实践落地和监督机制。相关部门应建立起完善的产权保护机制，加强对征收活动的监督和管理，确保征收过程中不发生违法侵权行为，保障受征收人的合法权益得到充分的保障和维护。此外，要加强对产权保护工作的监督和评估，及时发现问题并采取有效措施进行纠正和改进，确保合法产权得到有效的法律保障和维护。

3. 合理的移民安置保障措施

（1）合理移民安置政策的制定

为保障受征收人的合法权益，征收法律框架明确规定了合理的移民安置政策。这一政策旨在确保受征收人在房屋征收过程中能够得到合理的安置和补偿，确保其基本生活和发展需求得到有效保障。合理的移民安置政策制定应当充分考虑受征收人的实际需求和特殊情况，保障其能够在新的居住环境中顺利安置和生活。

（2）移民安置实施效果的评估与调查

为确保移民安置政策的有效实施，征收法律框架强调对移民安置实施效果进行评估和调查。相关部门应当定期对移民安置政策的实施效果进行评估，了解受征收人的安置情况和生活状况，及时发现问题并采取有效措施进行解决。只有通过科学合理的评估和调查，才能不断改进和完善移民安置政策，确保受征收人在移民安置过程中的合法权益得到有效保障和维护。

第三节　征收程序、权利和义务

一、征收程序

征收程序是指房屋征收实施的一系列程序和步骤。征收程序的第一步是征收的立项和规划，确定征收范围和征收目的。之后是对征收范围内的房屋和相关附属设施进行评估和补偿协商，确定征收补偿的标准和方式。最后是征收的实施和房屋交付给征收单位。征收程序需要严格按照法定程序和规定进行，确保程序的合法性和公正性，确保受征收者的合法权益得到有效保障。

（一）征收的立项和规划程序

征收项目的立项与规划程序是确保房屋征收合法性和合理性的重要环节。在立项阶段，政府部门需要对征收项目进行全面的论证和调研，评估征收项目对城市发展的重要性和必要性。这包括对城市规划和发展方向的研究，以及对公共利益和社会需求的深入了解。通过科学论证和数据分析，政府可以确保征收项目符合城市发展规划和国家政策导向，为后续征收工作奠定坚实的法律和政策基础。

征收项目的规划阶段需要充分考虑社会公众的参与和意见。在征收项目规划过程中，政府部门应当充分公布征收项目的相关信息，向社会公众解释征收的必要性和意义。同时，政府部门需要积极征求公众的意见和建议，尊重公众的知情权和参与权。社会公众的参与可以为征收项目的规划提供重要的参考和指导，确保征收项目的合法性和公众参与度，维护社会的公平正义和民主法治原则。

征收项目的立项和规划程序还需要综合考量城市发展的长远利益和可持续发展目标。在立项和规划过程中，政府部门应当注重对城市发展的长远规划和可持续发展目标的考量。这包括对城市用地的合理利用、资源的可持续利用和环境的生态保护等方面的综合考虑。确保征收项目符合城市可持续发展的需求，既能满足当前的城市发展需求，又能为未来城市发展留下充足的空间和资源保障。

征收项目的立项和规划程序需要建立健全的信息公开和公众参与机制。政府部门应当建立起完善的信息公开平台，及时公布征收项目的相关信息和数据，使公众能够全面了解征收项目的情况和进展。同时，政府部门需要建立公众参与的渠道和机制，积极征求公众的意见和建议，确保征收项目的立项和规划充分反映了社会公众的意愿和诉求，为征收工作的顺利实施提供充分的社会支持和参与。

（二）评估和补偿协商程序

在评估程序中，政府部门需要建立科学公正的评估机制，确保对征收范围内的房屋和相关附属设施进行客观全面的评估。评估程序应当依据权威的评估标准和方法，考虑房屋的市场价值、建筑结构和使用状况等因素，确保评估结果的准确性和可靠性。同时，政府部门需要充分考虑受征收者的实际损失情况，对因征收而产生的经济损失进行综合评估，确保评估结果合理、公正、科学。

补偿协商程序需要建立公平公正的协商机制，确保受征收者的合法权益得到充分保障。政府部门应当积极倾听受征收者的意见和诉求，充分尊重其权利和利益，依法进行补偿协商。在补偿协商过程中，政府部门应当明确补偿的标准和方式，确保补偿措施的合理性和合法性。同时，政府部门应当建立多元化的补偿方式，充分考虑受征收者的实际需求和利益诉求，确保补偿方案的灵活性和适应性，促进双方的共赢和合作。

在评估和补偿协商程序中，政府部门需要建立有效的监督和管理机制，确保评估和协商过程的公平公正性和透明度。政府部门应当加强对评估机构和评估人员的管理和监督，确保评估工作的科学性和客观性。同时，政府部门应建立完善的补偿协商管理制度，加强对补偿协商过程的监督和管理，及时发现和解决问题，确保补偿协商工作的顺利进行和双方合作的有效实施。

在评估和补偿协商程序中，需要建立完善的诉求和申诉机制，确保受征收者的合法权益得到有效保障和维护。政府部门应当建立快速响应和处理机制，及时解决受征收者的诉求和申诉问题，确保受征收者的合法权益不受侵害。同时，政府部门应加强对补偿方案执行情况的监督和检查，确保补偿措施的有效落实和受益者的合法权益得到切实保障。

（三）征收的实施和交付程序

在征收实施阶段，政府部门应当依法严格执行征收活动，确保征收过程的合法性和规范性。这包括依据相关法律法规和政策文件，明确征收程序和要求，严格按照程序要求和规定进行征收工作。政府部门需要加强对征收行为的监督和管理，严格执行征收标准和程序，防止征收过程中出现不当行为和违规操作，保障征收活动的公平公正和合法合规。

在征收交付阶段，政府部门需要确保征收房屋的交付和移交程序的透明和公开。这包括明确交付的时间节点和程序要求，及时向受征收者公布交付计划和安排。政府部门应当与受征收者进行充分沟通和协调，确保受征收者对交付程序有清晰的了解和认知。同时，政府部门应建立健全的交付监督机制，加强对交付程序的监督和管理，确保交付过程的公正公开和合法合规，维护受征收者的合法权益和社会公平正义。

在征收实施和交付阶段，政府部门需要建立有效的沟通渠道和沟通机制，加强与受征收者的沟通和协调。这包括建立政府与受征收者之间的信息沟通平台，确保受征收者可以及时了解征收进展和相关政策措施。政府部门应当积极倾听受征收者的意见和建议，及时解决受征收者的诉求和困难，保障受征收者的合法权益得到有效保障和维护。同时，政府部门应加强对受征收者的心理疏导和服务支持，帮助他们顺利适应新的生活环境和工作条件。

在征收实施和交付阶段，政府部门需要建立健全的监督和评估机制，确保征收活动的有效实施和交付程序的顺利进行。这包括加强对征收实施和交付程序的监督和管理，定期对征收活动和交付进展进行评估和审查，及时发现问题和隐患，采取有效措施进行调整和改进。政府部门应当建立征收活动和交付程序的定期评估制度，加强对征收工作的监督和评估，确保征收活动的合法性和规范性，维护社会的公平正义和法治秩序。

二、征收权利

征收权利是指政府在征收过程中的权力行使，包括土地使用权的征收和房屋产权的征收。政府在征收过程中有权对土地使用权和房屋产权进行相应的征收处理，以保障公共利益和城市发展的需要。但在行使征收权利时，政府需要严格遵守法律法规，确保征收的合法性和合理性，保障受征收者的合法权益不受侵害。

（一）土地使用权的征收权利行使

第一，土地使用权的征收权利行使必须遵循法律法规的规定和程序要求。政府在行使土地使用权的征收权利时，应当依据相关法律法规和政策文件，明确征收的程序和要求，确保征收活动的合法性和合规性。政府部门需要建立健全的土地使用权征收管理制度，明确权利的行使范围和条件，防止滥用职权和违法操作，保障土地使用权征收工作的公平公正和合法合规。

第二，政府在行使土地使用权的征收权利时，需要充分尊重受征收者的合法权益。这包括对土地使用权的征收需要充分征求受征收者的意见和建议，确保其合法权益得到充分保障和尊重。政府部门应当建立健全的沟通机制和协商机制，与受征收者进行充分沟通和协调，明确双方的权利和义务，确保受征收者的合法权益不受侵害。

第三，政府在行使土地使用权的征收权利时，需要明确征收活动符合公共利益和社会发展的需要。土地使用权的征收行为应当符合城市发展规划和国家政策导向，服务于社会公众的共同利益和福祉。政府部门需要充分考虑土地利用的合理性和资源利用的可持续性，确保征收活动不仅能满足当前城市发展的需求，也能为未来城市发展留下充足的空间和资源保障。同时，政府应当加强对土地使用权征收活动的监督和管理，确保征收行为的合法性和合理性，维护社会的公平正义和法治秩序。

（二）房屋产权的征收权利行使

1. 在行使房屋产权的征收权利时，政府必须遵循合法、公平、公正的原则。这意味着政府在征收过程中应当严格按照法律法规和政策文件的规定进行，确保征收行为的合法性和合规性。政府部门需要建立健全的房屋产权征收管理制度，明确权利的行使范围和条件，防止滥用权力和违法操作，保障房屋产权征收工作的公平公正和合法合规。

2. 政府在行使房屋产权的征收权利时，需要充分尊重受征收者的合法权益。这包括对受征收者的房屋产权需要进行充分征求意见和协商，确保其合法权益得到充分保障和尊重。政府部门应当建立健全的沟通机制和协商机制，与受征收者进行充分沟通和协调，明确双方的权利和义务，确保受征收者的合法权益不受侵害。

3. 政府在行使房屋产权的征收权利时，需要确保征收行为符合法律法规和政策文件的规定。房屋产权的征收行为应当符合国家法律法规和政策文件的相关规定，服务于社会公众的共同利益和福祉。政府部门需要充分考虑征收行为的合理性和合法性，确保征收活动不仅符合法律法规的要求，也符合社会公众的期待和需求。同时，政府应当加强对房屋产权征收活动的监督和管理，确保征收行为的合法性和合理性，维护社会的公平正义和法治秩序。

三、征收义务

征收义务是指政府在征收过程中应当履行的责任和义务。征收义务包括合理补偿和妥善安置等方面。政府应当根据相关法律法规和政策文件，合理确定征收补偿的标准和方式，保障受征收者在经济利益上得到合理补偿。同时，政府还应当负责受征收者的合理安置和生活保障，确保他们的基本生活需求得到满足，避免因征收而造成的不良影响和社会不稳定因素的产生。

（一）合理补偿标准制定的义务

1. 合理补偿标准制定的义务

根据法律法规和政策文件，政府有责任制定合理的征收补偿标准。在制定补偿标准时，政府部门需要全面考虑受征收者的实际情况和损失程度。这包括对受征收者的房屋评估和经济损失进行科学客观的分析和评估，确保补偿标准能够充分反映受征收者的实际损失和合理诉求。政府应当建立健全的补偿标准制定机制，明确补偿标准的制定原则和程序要求，确保补偿标准的科学合理性和公平公正性，维护受征收者的合法权益和社会公平正义。

2. 考虑受征收者情况的补偿标准制定

政府在制定合理补偿标准时，需要充分考虑受征收者的生活状况和经济情况。这包括对受征收者的房屋使用价值、经济收入和生活成本等因素进行全面评估和分析，确保补偿标准能够充分反映受征收者的实际经济损失和生活影响。政府部门应当加强对受征收者的调查和了解，充分了解受征收者的生活状况和经济情况，确保补偿标准的合理性和科学性，维护受征收者的合法权益和社会公平正义。

3. 公众参与补偿标准制定

政府在制定合理补偿标准时，需要充分考虑社会公众的意见和建议。这包括开展公开透明的征求意见程序，征集社会公众对补偿标准的意见和建议，确保补偿标准制定的公众参与度和民意反映。政府部门应当建立健全的意见征集机制和公众参与平台，促进社会公众对补偿标准的理解和支持，确保补偿标准制定的公开透明和合法合规，维护社会的公平正义和法治秩序。

（二）受征收者合理安置的义务

政府需要根据受征收者的实际情况和生活需求，制定合理的安置政策和措施，保障其基本生活和发展需求得到有效保障。政府在履行受征收者合理安置义务时，需要充分尊重其意愿和选择，确保安置政策的人性化和科学合理性。

1. 考虑受征收者需求的合理安置政策

政府在履行受征收者合理安置义务时，应该从一个综合性的视角来考虑受征收者的需求。这意味着政府部门需要对受征收者的家庭结构进行深入分析。比如，对于单亲家庭或老年人来说，他们可能更加关注居住环境的安全性和社区的亲和性。此外，对于有工作的家庭来说，政府应该考虑他们的就业情况，以便为他们提供更便利的居住地点，使其能够继续工作而不至于因为搬迁而造成生计困难。同时，政府也应该考虑受征收者的社会关系，包括他们的邻里关系和社区支持网络，因为这些社会关系对于他们的心理健康和社会适应能力有着重要的影响。

政府部门需要建立一个健全的安置评估机制和调查研究体系。这样的机制可以帮助政府更好地了解受征收者的实际生活情况和需求，从而为他们提供更为合适的安置政策。这个机制应该包括对受征收者的个人情况进行详细调查，包括其居住习惯、社会需求和心理状况等方面。此外，政府还应该与专业机构合作，进行更为深入的社会调查和心理评估，以便更好地了解受征收者的需求和期待。

政府在制定安置政策时，需要保证其针对性和科学合理性。这意味着政府不仅需要了解受征收者的个人需求，还要考虑他们的整体生活环境和社会需求。这包括提供便利的交通设施、配套的社区服务设施及良好的教育资源等。政府可以通过与专业规划机构合作，制定科学合理的社区规划，确保安置政策能够满足受征收者的多样化需求，并为他们提供一个更为舒适和便利的生活环境。

政府在执行安置政策的过程中，需要保障受征收者的合法权益和社会公平正义。这意味着政府应该确保安置政策的公平性和透明度，避免出现不公平的安置现象。政府应该建立有效的监督机制，监督安置政策的执行情况，并及时纠正和调整不合理的安置安排。同时，政府还应该建立投诉渠道，允许受征收者对安置政策提出意见和建议，确保其合法权益得到有效保护。

2. 尊重受征收者选择的安置政策制定

政府在制定安置政策时，应该充分尊重受征收者的意愿和选择。这意味着政府应该在安置政策制定的过程中，积极征求受征收者的意见和建议，尊重他们对于安置地点、居住环境和社区设施等方面的选择。政府可以通过举办座谈会、调查问卷等方式，向受征收者征求意见，并将其意愿纳入安置政策的制定过程中。同时，政府还应该建立专门的意见收集和反馈机制，确保受征收者的意见得到及时反馈和回应。

政府部门需要建立健全的安置决策机制和沟通协调机制。这一机制可以帮助政府与受征收者建立良好的沟通渠道，确保他们对于安置政策的决策过程有所了解，并能够参与到决策过程中来。政府可以通过建立专门的安置决策委员会或工作组，由政府官员、专业人士和社区代表组成，共同商讨和制定安置政策。同时，政府还应该建立专门的协调机制，协调各方利益关系，解决安置过程中的各种矛盾和问题。

政府应当确保受征收者的合法权益得到有效保障和尊重。这意味着政府在执行安置政策的过程中，应该严格遵守法律法规，尊重受征收者的合法权益和选择权。政府应该建立有效的监督机制，监督安置政策的执行情况，确保政策的公平性和合理性。同时，政府还应该建立投诉和申诉渠道，允许受征收者对安置政策提出意见和建议，并及时对其反馈进行处理和回应。这样可以确保受征收者在安置过程中的合法权益得到有效保护，维护社会公平正义和法治秩序。

政府在执行安置政策的过程中，应该加强对安置政策的宣传和解释工作，增强受征收者的参与意识和能动性。政府可以通过举办宣讲会、发布宣传资料等方式，向受征收者普及安置政策的相关信息和要点，帮助他们更好地了解政策的内容和意义。同时，政府还应该加强对受征收者的法律教育和知识普及，提高他们的法律意识和维权能力，确保他们在安置过程中的合法权益得到有效保护。

3. 安置政策监督与管理机制建设

政府在执行合理安置政策时，需要建立健全的监督和管理机制。这包括加强对安置政策执行情况的监督和评估，确保安置政策的落实效果和社会影响得到有效监管和管理。政府部门应当建立健全的安置监督机构和评估机构，加强对安置政策实施过程的监督和管理，及时发现和解决安置过程中的问题和困难，维护社会的公平正义和法治秩序。

第四节　征收过程中的法律问题与挑战

一、房屋征收中的产权保护问题

在房屋征收过程中，不同的产权类型和所有权人的存在使得确保各方合法权益成为政府工作中的重要任务。其中，居住权人作为房屋的实际使用权人，其地位的界定对于确保房屋征收工作的顺利进行具有重要意义。然而，在现行的城市房屋征收相关法律法规中，尤其是《城市房屋征收与补偿条例》(以下简称《征补条例》)等规定中，对于居住权人在房屋征收过程中的法律地位和相应权利并没有明确的规定，而更多关注的是对房屋所有权人权益的保护。这导致了居住权人的法律地位和权利保护难以得到充分彰显。因此，确立并完善居住权人的法律地位和相应权利保护措施是当前房屋征收工作亟须解决的重要问题。

居住权作为用益物权，在房屋征收中能否作为征收的独立客体，将决定其在国家房屋征收中的地位。倘若居住权能够作为征收的独立客体，则居住权人有权享有向征收主体请求补偿的权利。有学者指出，在中国征收语境下，征收的目的仅为取得并利用用益物权所依附的不动产，而非对作为房屋附属价值的用益物权进行征收，因此在补偿对象和补偿范围上，并未直接将用益物权作为征收关系中的客体。并且，我国征收适用的《征补条例》也明确规定了征收的客体仅为房屋所有权，对被征收不动产享有其他权利的主体并不在直接补偿的范围内，用益物权不能成为征收的对象和客体，只有不动产所有权人才享有独立的补偿地位。

然而，居住权作为一种用益物权，其主要以住宅使用权价值为核心内容，归属于使用价值权范畴。尽管居住权与房屋所有权有所不同，但居住权人作为房屋的实际居住者，与房屋的实际联系更为密切。在房屋征收过程中，居住权人和所有权人一样会为了公共利益而放弃自身的居住环境。以往，未设立居住权的房屋在行政征收时，不存在所有权与使用权相分离的情况，因此补偿可以统一给予房屋所有权人，无需对此进行过多的讨论。然而，居住权的设立将改变原有的房屋权属状态，使得房屋使用权被剥离出征收的保护范围。这将导致居住权人的地位被削弱，与租赁权人在征收中的地位相当，无法充分保障居住权人的自身权益，也难以展现居住权人作为一种新型物权人的特殊性质。根据法律规定，物权的权益高于债权的权益，若将居住权权益与租赁权平等对待，则不符合用益物权的实质属性。

针对居住权人在房屋征收中法律地位的缺乏，不仅会影响其合法权益的保护，还可能阻碍房屋征收所追求的公共利益的实现。因此，亟需明确居住权人在征收中的法律地位，以为今后进一步详细规范居住权人获取征收补偿的具体内容和途径提供有效支持。为此，在法律规范层面迫切需要出台更加完善、系统化的房屋征收规定，更加注重保障居住权人的合法权益。

二、房屋征收中的补偿标准问题

补偿标准是房屋征收过程中的核心法律问题之一。征收补偿标准的确定直接关系到受征收者的利益得失，政府需要根据实际情况和相关法律规定，合理确定补偿标准，保障受征收者的合法权益得到有效保障和补偿。

（一）对居住权人在征收中的补偿范围不确定

若法律法规未对居住权人在征收中的补偿内容及标准进行详细明确，不仅会影响补偿评估结果的公正性，也会加剧征收过程中的分歧。由于居住权人并非现行法律明确定义的征收关系主体，因此很难被纳入被征收人的范畴，导致其在征收中的地位难以得到承认。虽然依据《中华人民共和国民法典》第 327 条的规定，可以明确居住权人在法律上获得了房屋征用或征收情形下独立行使物权的补偿或赔偿请求权，但在具体实施操作中，法律对用益物权人的补偿权益做了笼统规定，缺乏针对性的配套实施措施，从而导致征收规定不能充分适应实践的变革和发展。因此在实际操作中，相关征收单位仅依据该条款无法充分评估房屋征收对居住权人所造成的损失和影响，也无法准确定义居住权人应享有的补偿范围。

1. 居住权人在房屋征收中的补偿内容不明确

在房屋征收过程中，房屋所有权人享有特定权益，可以选择进行房屋产权调换或者接受货币补偿。然而，在这一过程中，对于居住权人的具体补偿内容却存在一定的模糊性，这值得进行深入探讨和研究。特别是在房屋产权调换后，原有居住权依附的房屋消失，居住权的补偿问题尚未得到明确解决。换句话说，在房屋被拆除后，是否意味着居住权也会消失，这个问题仍然缺乏确切的定论。尽管《中华人民共和国物权法（草案）》曾提出房屋征收作为导致居住权消失的法定事由，但这一条款并未被纳入《中华人民共和国民法典》中，因此无法明确居住权人在征收过程中的权益保障。

若房屋所有权人选择货币补偿，根据《征补条例》第 17 条规定，补偿内容涵盖了房屋价值补偿、搬迁及临时安置的补偿及停产停业损失的补偿。然而，基于《中华人民共和国民法典》对于居住权设立目的的规定，即满足居住权人的基本生活需求，停产停业损失的补偿并不适用于居住权。因此，对于居住权人来说，关键的补偿内容应当聚焦在房屋价值补偿和搬迁安置补偿。然而，现行法律并未明确规定居住权人能否享有这两项补偿，这导致居住权人在法律保护方面存在一定的模糊性和不确定性。

缺乏明确处理和界定可能会导致一些潜在问题的出现。例如，居住权人可能会过分主张其补偿份额，从而导致补偿方案的制定变得复杂而棘手，也有可能阻碍社会公正原则的实现。另外，一些征收单位可能会故意回避保护居住权人的义务，因为给予居住权人与所有权人相同的法律地位可能会对征收工作的高效性产生影响。在缺乏明文规定的情况下，保障居住权人的合法权益变得更加具有挑战性。

因此，对于补偿方案的制定，应当仔细考虑并探讨具体的补偿份额划分问题。这不仅仅是为了保障居住权人的合法权益，也是为了给行政机关提供明确的法律支持，以便其能够在征收过程中合理地履行职责。

2. 居住权人在房屋征收中的补偿标准不清晰

在房屋征收过程中，补偿标准的不清晰可能会导致居住权人在获得补偿时面临不公平的情况，这也为相关征收部门提供了可能滋生权力腐败的空间。在补偿标准方面，可分为完全补偿原则和适当补偿原则。完全补偿原则旨在弥补征收行为所导致的全部直接和间接损失，包括全面补偿随之产生的附带损失，以确保被征收人能够恢复到与征收前相同的生活状态。

与此同时，我国居住权的设立存在有偿设立和无偿设立两种情况。在补偿标准中是否引入支付对价作为衡量因素，需要进行深入探讨。如果对有偿设立的居住权人提高补偿标准，尽管体现了这两种情况之间的差异，但是无偿设立的居住权人通常处于更弱势的地位，相较于有偿设立的居住权人，他们更需要更高层次的保护。如果不体现这两种情况之间的差异，将其定义为统一的补偿标准，无偿设立的居住权几乎就等同于受赠，并无法凸显有偿设立居住权的优势。

房屋征收必然会对居住权人的正常生活居住造成影响，为了加强现实层面对于居住权人进行补偿的可操作性，亟须对居住权人的补偿标准加以明确，以对居住权人进行妥善安置，以达至维护合法权益、实现社会公正的效果。

（二）居住权人在征收中获得补偿的路径未规定

在实践中，房屋征收工作应当秉持社会主义核心价值观，特别是要越发重视对居住权人利益的保护，以避免引发新的征收矛盾。仅仅明确界定居住权人的补偿内容并不能完全促进征收与补偿工作的顺利推进，同样重要的是明确居住权人的补偿责任主体，这是确保征收补偿有序进行的关键所在。然而，目前由于法律法规尚未明确划分责任主体，这一问题的存在将给实际操作带来一定障碍，增加了行政机关的工作负担，使得行政部门在征收程序中缺乏完善可依据的法律依据。

关于征收补偿的支付主体，目前存在两种讨论情形，一种是由相关房屋征收部门直接进行补偿，另一种是由房屋所有权人进行补偿。这也将引出第二个问题，即居住权人是否能够单独签订补偿协议。这些令人深思的问题是确保征收工作顺利开展的基础，也是保护各方共同利益的关键，值得深入研究和探讨。

1. 在征收中对居住权人补偿的给付主体未明确

当前在征收工作中，对于居住权人补偿的支付主体尚未明确，而这一问题的确立是确保居住权人合法权益的关键之一。现行的法律法规仅对房屋所有权人的具体细节进行了明确规定，而未对居住权人的补偿责任人进行讨论。可能的原因之一是，基于居住权作为新兴制度仍需要逐步完善，另外也可能是考虑到居住权的设立多数涉及婚姻家庭关系中弱势或年迈群体的保障，因此将居住权人在房屋征收中应获得的权益划分为内部关系处理的范畴，以避免通过法律手段强制干涉家庭关系可能带来的负面影响。然而，从现实角度出发，涉及第三方的征收往往更加复杂多样，因此居住权人在补偿内容未落实的情况下可能会选择拒绝搬迁工作，这并不能简单地视为居住权人恶意阻挠行政事务，而更多是为了保护自身权益以防止原有房屋被征收后无处安身的窘境。这也凸显出居住权人支付主体定位的必要性，在当前情况下应考虑两类支付主体的存在，并值得进一步探讨。

第一种情况是将行政部门作为补偿支付主体，然而根据现行《征补条例》的规定，居住权人因无房屋所有权而被排除在征收范围之外，这间接对居住权人的合法权益保护造成了一定阻碍。相关征收单位因受规定限制而无法直接依据法律规范对居住权人进行补偿。居住权人可能也会遇到无法获得实质救济的现实问题，这不仅会导致各方互相推诿责任的现象，还会影响居住权人的基本生存权。然而，在现实房屋征收过程中，居住权人的使用权遭到灭失或毁损，其直接责任人应是政府，但在法律层面未明确相关责任主体的责任承担，导致补偿责任的缺失。

第二种情况是将房屋所有权人作为补偿支付主体，这与承租人在征收补偿中的地位相似。承租人在房屋征收中的补偿主体为房屋所有权人，因租赁合同为双方意思自治，在征收时未进行房产登记，征收部门通常忽视房屋是否存在租赁关系。大多数情况下，租赁权人通过与房屋所有人协商获得适当的装修补偿款，并取回剩余租金。但难免会遇到房屋所有权人拒绝补偿的情况，因此居住权人是否可以类似于租赁权人的补偿方式，由房屋所有权人进行补偿，法律尚未明确说明。如果所有权人作为补偿支付主体，居住权人补偿份额的具体确定并不取决于居住权人本身，而取决于房屋所有权人对居住权的利益进行衡量补偿，这将大大限制居住权人合法权益的实现，可能会导致居住权人权益受损，这一问题尚待进一步讨论。

分析这两种支付主体的适用情况，前者可能更有效地落实补偿内容，但目前缺乏法律法规的明确支持。而后者在实践中具有更为便捷的可操作性，但在某些情况下可能存在补偿内容不充分的问题。然而，不论是赋予居住权人与征收部门平等对话的权利，还是将征收中涉及居住权人的情况视为民事关系处理，都需要明确界定，这些问题都需要进一步深入探讨。

2. 在征收中居住权人的补偿协议签订方式未释明

在当前的征收实践中，针对居住权人的补偿协议签订方式尚未得到充分的明确说明，这使得居住权人在征收过程中的权益保障面临诸多困难。尽管《征补条例》第 25 条对房屋所有权人的补偿协议签订作出了规定，但并未就居住权人的补偿协议签订进行具体说明，这使得居住权人无法独立与征收部门签署补偿协议。然而，随着房屋设定居住权的情况日益增多，居住权人的安置问题逐渐凸显，相关行政机关和征收部门在这方面缺乏统一的安置措施，缺乏可执行的具体规定。

对于房屋所有权人选择房屋产权调换的情况，关于居住权人是否有权继续享有新房屋的居住权，学界和实务界尚未达成一致意见。如果居住权人有权继续享有居住权，补偿协议是否应在征收部门的见证下签订，以促使对权益的继续履行得到有效监督，这也是现实操作中亟待解决的问题。对于房屋所有权人选择货币补偿的情况，也缺乏相关规定，这可能导致补偿款分配不公正，进而引发一系列民事纠纷，不利于社会秩序的稳定。

在补偿协议长期悬而未决的情况下，居住权人的救济渠道受阻，其向法院提起诉讼主张获得单项补偿款分割的请求也因缺乏法律依据而难以得到支持。这可能导致居住权人担心在房屋征收后无处可居，拒绝配合搬迁，进而阻碍征收工作的正常进行，给相关机关带来一定困扰。因此，在制定补偿协议签订方式时，有必要对居住权人的权益保障和补偿协议签订方式进行进一步探讨和规范。

在关于此类问题的解决上，负责征收工作的部门通常会面临申请法院强制执行或者通过诉讼程序解决两种选择，但这两种方式所耗费的时间成本较大，且会造成司法成本的加大，并且并未从实质上解决居住权人权益保护的问题。所以，落实好补偿款的方法方式，将很大程度缓解居住权人对抗征收的心理情绪，更好地推进房屋征收的进程。

（三）对居住权人在征收中程序保护缺位

由于现行法律未将居住权人列入被征收人范围，导致居住权人无法与征收部门进行平等协商，无法有效行使参与权利。尽管居住权人作为房屋的实际居住者，直接受到行政征收影响，但现行法律法规并未就居住权人参与征收程序设立相关规定，存在着对居住权人保护的法律真空。

1. 房屋征收中居住权人知情权不明

房屋征收过程中，忽视居住权人的参与权可能导致他们无法充分了解与其利益息息相关的征收程序，进而可能导致其在补偿过程中无法获得应有的合法补偿。这种情况会引发居住权人对征收项目的抗拒情绪，进而妨碍征收工作的顺利进行，对社会和谐构建产生重大影响。目前，我国在保护居住权人知情权方面仍缺乏系统研究，居住权人的参与权行使机制尚未得到完善。然而，房屋征收工作不仅涉及房屋所有权人的合法财产权，还关乎居住权人的基本生存权。因此，居住权人有权了解征收和补偿的信息，并参与制定征收方案的协商，但现行情况下居住权人并未被纳入知情权的行使主体范围，这严重限制了居住权人在房屋征收中应享有的权利。

对于居住权人来说，他们能够获得房屋征收补偿款的唯一途径可能就是通过补偿协议。然而，要想行使议价权，首先要了解征收补偿内容。如果失去了这一基本且关键的权利，不仅会影响居住权人在后续征收补偿程序中的参与权，使其无法争取补偿额度，还可能损害政府的公信力。如果法律法规仍不明确规定居住权人在征收补偿中的参与地位，继续排除居住权人的知情权，那么他们获取相关征收补偿信息的途径将仅依赖于房屋所有权人。在涉及房屋所有权人与居住权人双方利益的征收补偿中，可能会出现利益冲突。在这种情况下，让房屋所有权人来决定居住权人的资格，会加剧双方之间的矛盾，影响征收进程。

缺乏法律规范为相关行政机关提供了逃避责任、谋取权力的机会，使得居住权人的权益保障成为被动的方式，与行政补偿原则背道而驰。为促进和谐的征收关系，顺利开展征收工作，有必要尽快探讨是否赋予居住权人知情权这一基本权利。

2. 房屋征收中居住权人协商权不明

第一，在征收协商过程中，虽然地方政府开始倾向于注重公众参与，但实际上这些参与往往只是表面文章。被征收人在这个过程中似乎只能扮演旁听者的角色，他们提出的意见和质疑并不能对最终的补偿结果和方案产生实质性影响。而与房屋所有权人相比，居住权人在征收中的法律地位明显较低，这导致他们缺乏充分的话语权，因此，急需提升居住权人的协商能力，并明确将其纳入征收补偿的协商程序中。然而，在此过程中存在一个需要深入探讨的问题，即居住权人应该在征收过程的何时介入协商。

第二，《征补条例》虽然为被征收人设置了听证程序，旨在在征收前阶段听取各方意见，以满足各方不同利益的保护需求，但是当前尚未明确规定居住权人是否可以被纳入这一听证程序。尽管居住权通常是为少数弱势群体设立的，其期限往往限制在居住权人的生存期内，但征收导致居住权所依附的住宅消失，使得居住权人失去原有的用益物权，却未能保障其在征收过程中的合法权益。因此，将居住权人纳入听证程序以确保其利益受到充分保护显得尤为重要。

第三，在房屋征收的行政行为中，补偿标准通常基于市场价格，然而由于评估机构选择方面存在政府预先设定的限制，可能限制了房屋所有权人及其他相关方的选择权，进而影响了补偿方案的公正性。尽管《征补条例》规定征收房屋的价值补偿不得低于市场价值，但评估机构由被征收人协商选定，导致其自由裁量权过大，无法保证评估结果的公正性。面对房屋价值的波动性，评估部门在评估中应更加注重补偿的合理性问题，以确保各方利益得到公平对待。

第四章　房屋征收策略与方法

第一节　不同类型的房屋征收策略

一、强制征收策略

强制征收是政府为了推动重大项目或基础设施建设，依法对特定范围内的房屋进行征收的一种手段。这种策略能够确保政府在需要的时候迅速获取必要的土地资源，推进城市规划和重要项目的实施，提高行政效率。然而，强制征收也常常引发被征收者的不满和抵触情绪，可能会导致社会不稳定因素的增加。一些被征收者可能因补偿不公平或其他原因而提出异议，从而导致法律纠纷和社会矛盾的加剧。为了缓解这一问题，政府需要在实施强制征收之前充分征求被征收者的意见，并确保补偿方案公平合理，尽量减少被征收者的利益损失。

（一）强制征收策略的优势

强制征收作为一种快速推进重大项目和基础设施建设的手段，在确保城市规划的高效推进方面具有明显的优势。通过强制征收，政府可以在紧急情况下迅速获取必要的土地资源，确保重要项目的及时实施。此外，强制征收也有助于提高行政效率，简化决策流程，减少程序上的障碍和阻力，推动城市发展和现代化建设的进程。

1. 快速获取土地资源

强制征收能够确保政府在紧急情况下迅速获取必要的土地资源，尤其是针对需要紧急推进的重大项目或基础设施建设而言。这种快速获取土地资源的优势有助于避免因土地获取不及时而延误重要项目实施的情况发生，保障城市发展的顺利进行。

2. 确保重要项目及时实施

强制征收可以确保重要项目在合理时间内得以及时实施，从而推动城市规划和发展进程。对于一些对城市发展具有重要意义的项目，及时地实施意味着城市发展的快速推进和现代化建设的加快。

3. 简化决策流程

强制征收也有助于简化决策流程，减少程序上的障碍和阻力。在一些紧急情况下，长时间的协商和谈判可能会拖延项目的实施进度，影响城市规划和发展的效率和速度。通过强制征收，政府可以迅速采取行动，推进城市建设和现代化进程的顺利进行。

（二）强制征收策略的挑战

强制征收策略往往伴随着被征收者的不满和抵触情绪，可能会引发社会不稳定因素的增加。被征收者可能因补偿不公平或其他原因提出异议，导致法律纠纷和社会矛盾的加剧。此外，在实施强制征收之前，政府需要充分征求被征收者的意见，并确保补偿方案公平合理，以尽量减少被征收者的利益损失。然而，征收过程中的沟通不足和补偿不公问题可能会给整个社会带来不利影响，降低政府的公信力和形象。

1. 社会不满与抵触情绪

强制征收常常引发被征收者的不满和抵触情绪，可能会导致社会不稳定因素的增加。被征收者可能因为补偿不公平或其他原因提出异议，从而加剧法律纠纷和社会矛盾。这种社会不满和抵触情绪的出现可能会影响城市的稳定性和政府的治理效能，需要政府在征收过程中更加注重社会参与和民意调查，以平衡各方利益，缓解社会矛盾。

2. 沟通不足与补偿不公

征收过程中的沟通不足和补偿不公问题可能会给整个社会带来不利影响，降低政府的公信力和形象。政府在征收前期需要充分征求被征收者的意见，并建立有效的沟通渠道，以确保被征收者的合法权益得到充分保障。此外，补偿方案的公平合理性也是确保社会稳定的重要因素之一，政府应当依法依规制定合理的补偿方案，以减少被征收者的利益损失，增强政策的可持续性和合理性。

3. 政府公信力与形象

强制征收可能会影响政府的公信力和形象，尤其是在处理不当或不公平征收问题时。政府需要建立透明的征收机制，充分尊重被征收者的权利和意见，确保政策的公正性和合理性。此外，政府在征收过程中需要加强与社会各界的沟通和互动，提高政府的公信力和透明度，增强社会对政府的信任感和支持度。

二、协商征收策略

协商征收是指政府与房屋所有者进行协商，通过平等协商和协调达成一致意见后实施征收行为的策略。这种策略能够充分尊重被征收者的意愿，保障其合法权益，减少社会矛盾和抵制情绪的产生。在协商征收过程中，政府需要秉持公正公平原则，注重平衡各方利益，建立透明公开的协商机制，确保征收过程的公正性和合法性。然而，协商征收也可能因为谈判困难或利益分配不均等问题导致进程缓慢，影响项目的推进和效率。因此，政府需要灵活运用协商征收策略，结合实际情况采取适当的措施，促进协商过程的顺利进行，确保房屋征收工作的顺利推进。

（一）协商征收策略的优势

1. 保障被征收者的合法权益

协商征收能够充分尊重被征收者的意愿，保障其合法权益，减少被征收者的抵触情绪，有利于维护社会稳定和谐。在协商征收过程中，政府需要与被征收者进行平等协商，尊重他们的合法诉求和权益，确保征收过程的合法性和公正性。

2. 降低社会矛盾和抵制情绪

协商征收能够有效降低社会矛盾和抵制情绪的产生，减少不必要的法律纠纷和社会冲突。通过公开透明的协商机制，政府可以与被征收者建立良好的沟通渠道，化解矛盾，平息抵制情绪，促进征收工作的顺利进行。

3. 提升项目推进的效率

协商征收能够促进项目推进的效率，加快工程建设的进度，有利于推动城市规划和发展的顺利进行。通过与被征收者充分沟通和协商，政府可以更好地了解他们的意愿和需求，调整征收方案，提高项目推进的效率和质量。

（二）协商征收策略的挑战

1. 谈判困难和进程缓慢

协商征收可能因为谈判困难或利益分配不均等问题导致进程缓慢，影响项目的推进和效率。在协商过程中，各方可能存在利益分歧和意见不合，导致谈判困难，需要政府采取灵活的措施，寻求解决方案，促进协商进程的顺利进行。

2. 协商公正性和透明度问题

协商征收需要政府建立透明公开的协商机制，确保协商过程的公正性和透明度，防止利益输送和不公平行为的发生。政府应加强对协商过程的监督和管理，建立有效的监督机制，确保协商过程的公正和公平性。

3. 有效沟通和冲突解决能力

协商征收需要政府具备有效的沟通和冲突解决能力，能够妥善处理各方的意见和诉求，化解矛盾，维护社会和谐。政府应加强相关部门的能力建设，提升其沟通和冲突解决能力，增强政府的治理能力和公共服务水平。

第二节　征收政策的制定与实施

一、参与者

征收政策的制定与实施需要包括政府部门、专业机构、社会组织和民众在内的多方参与者。政府部门负责征收政策的规划和制定，专业机构提供征收相关的技术支持，社会组织和民众则应当在征收决策过程中发挥监督和参与作用。

（一）政府部门的角色

政府部门在房屋征收政策的制定与实施中扮演着核心的指导和推动作用。其角色主要体现在整体规划、政策目标确定和协调管理等方面。

政府需要通过对城市规划、发展战略和公共利益的全面考量，明确制定征收政策的必要性和合理性，确保政策制定的合法性和合理性。

政府部门还应当负责协调各相关部门之间的协作关系，确保政策的顺利实施和执行。同时，政府需要积极倾听社会各界的意见和建议，广泛征集各方的意见，使得政策制定过程更加民主透明，充分考虑社会各界的利益诉求，以制定出符合公共利益和社会发展需要的征收政策。政府部门还需要建立健全的监督和评估机制，确保征收政策的执行情况得到及时监测和反馈，及时发现问题并采取有效措施予以解决。加强政府部门的指导和管理，可以提高房屋征收政策的实施效果，促进城市发展和社会稳定的良性循环。

（二）专业机构的作用

专业机构在房屋征收政策制定与实施过程中发挥着关键的技术支持和专业指导作用。这些机构包括房地产评估机构、法律咨询机构及社会调查研究机构等，它们通过提供专业的数据分析、风险评估和法律法规解读，为政府的决策提供科学依据和可行建议。

1. 房地产评估机构的作用

第一，房地产评估机构在房屋征收政策制定中扮演着关键角色。通过深入的市场调研分析，这些机构能够准确评估房屋的实际价值及其在市场上的地位。这种评估不仅仅包括房屋的物理结构和功能，还需要考虑地理位置、社会环境、未来发展潜力等因素。这些综合分析提供了决策者在制定征收政策时所需的准确、全面的数据基础。

第二，房地产评估机构的另一个重要职责是协助政府制定合理的征收补偿标准和方案。通过对市场行情和相关法规的深入了解，这些机构能够提供专业的意见，确保征收补偿能够体现被征收者的权益，同时又不会给政府造成不必要的财政负担。合理的征收补偿标准有助于保障社会公众的利益，减少因征收政策引发的社会矛盾和不满情绪。

第三，房地产评估机构的专业技术支持还能够帮助政府进行风险评估，并制定相应的风险应对方案。这些方案旨在应对可能出现的各种市场变化和不可预见的风险，保障政府征收政策的稳定性和可持续性。通过科学的风险评估，政府能够在征收过程中更好地预判可能出现的挑战，并采取相应措施予以化解，确保征收政策的顺利实施。

2. 法律咨询机构的作用

法律咨询机构在房屋征收政策制定过程中承担着审视和完善相关法律法规的责任。通过对现有法律法规的深入研究和分析，这些机构能够帮助政府发现现行法律中的漏洞和不足之处，并提出相应的完善建议。这些建议旨在为征收政策提供更加牢固的法律支撑，确保征收过程的合法性和公正性，保障被征收者的合法权益不受侵犯。

法律咨询机构通过对征收程序的规范化建设和合法权益的保障提供专业的指导和支持。他们能够帮助政府建立完备的征收程序，确保程序的合法合规性，避免程序中出现法律漏洞和不确定性。此外，他们也能够为被征收者提供法律援助和咨询，帮助其了解自身的权利，维护自身的合法权益。

法律咨询机构还可以帮助政府进行相关的法律风险评估，并提出相应的应对措施。通过对潜在法律风险的识别和评估，他们能够帮助政府避免在征收过程中因法律原因产生的纠纷和诉讼，保障政府征收政策的顺利实施和可持续发展。

3. 社会调查研究机构的作用

社会调查研究机构在房屋征收政策制定中扮演着评估社会影响和调查分析社会态度的重要角色。他们能够通过深入的社会调研和数据分析，评估征收政策可能对社会生活、经济发展和环境影响等方面产生的影响，为政府提供科学的决策依据。

社会调查研究机构还能够开展民意调查和舆情分析，帮助政府了解社会公众对征收政策的态度和意见。这些调查和分析能够帮助政府更好地把握民意，及时了解社会舆论动向，调整政策方向，保证政策的顺利推行。

社会调查研究机构能够根据实地调研和数据分析提出针对性的政策调整和完善建议。他们可以帮助政府发现政策实施过程中存在的问题和不足，并提出相应的改进方案，以推动政策的持续优化和完善。通过及时调整和改进，政府可以更好地满足社会公众的需求和期待，提高政策的可操作性和社会接受度，促进社会的和谐稳定发展。

社会调查研究机构还能够促进社会参与和加强政府与公众之间的沟通协调。他们可以帮助政府建立健全的沟通机制，倡导民主参与，确保政策制定过程透明公开，并及时吸收社会各界的意见和建议。这种社会参与和沟通协调能够增强政策的民主性和科学性，提高政策的可行性和可持续性。

（三）社会组织和民众的参与

社会组织和民众在征收政策制定与实施过程中发挥着重要作用，他们可以通过积极参与和建言献策，有效促进政策的民主化和科学化。

1. 社会组织在征收政策中的作用

在房屋征收政策制定与实施过程中，社会组织扮演着代表民众利益的重要角色。他们通过代表民众的利益和诉求，与政府进行沟通和协商，促进政策制定过程的民主化和透明化。作为桥梁和纽带，社会组织有助于搭建政府与民众之间的沟通渠道，建立互信关系，确保政策制定和实施的公平性和公正性。

社会组织通过参与征收政策的讨论和制定，能够提出符合民众利益和社会发展需要的建议和倡导。他们可以基于对社会的深入了解和研究，提出具体可行的政策建议，促使政府更加科学合理地制定征收政策。通过积极的倡导推动，社会组织有助于引导公众对政策的关注和参与，形成社会共识，推动政策的顺利实施和落地。

社会组织还能够对政府的决策和执行过程进行监督，确保政策的公正性和合法性得到切实维护。他们可以建立有效的反馈机制，收集民众的意见和建议，及时向政府提供反馈信息，推动政策的调整和改进。通过持续的监督和反馈，社会组织能够帮助政府及时发现问题并加以解决，增强政策执行的透明度和可信度，促进社会的和谐稳定发展。

2. 民众参与征收政策的重要性

作为直接受益或受损的一方，民众在征收政策制定与实施过程中具有不可替代的重要地位。他们对于政策的实际影响具有深刻的了解和体会，能够提供宝贵的实地反馈意见和建议，为政府制定合理有效的政策提供重要依据。

民众作为社会舆论的重要组成部分，其关注和参与程度直接影响着征收政策的推行和效果。他们的意见和态度能够反映社会的普遍关切和期待，对政府决策产生重要影响。因此，政府需要积极倾听民众的声音，充分考虑他们的意见和建议，确保政策的科学性和民意的代表性。

民众的参与不仅仅是政策制定过程中的被动接受，更是民主决策和社会建设中的积极参与。通过参与决策和建言献策，民众能够增强对政策的认同感和责任感，加强社会的凝聚力和向心力，促进社会的民主化和稳定发展。

3. 社会组织和民众参与的协同效应

社会组织和民众在征收政策中的共同参与能够形成协同效应，促进政策的民主化和科学化。社会组织可以代表民众利益参与决策，倡导民众参与政策制定；而民众的参与也能够增强社会组织的影响力和代表性，提升政策倡导的可行性和有效性。

社会组织和民众的积极参与能够增强政策制定的透明度和公正性，提升社会对政策的认可度和支持度。他们通过公开透明的参与过程和有效的沟通交流，建立政策的广泛共识和社会支持，确保政策执行的顺利推行和落实。

社会组织和民众的共同参与有助于推动社会的和谐稳定发展。他们通过协同努力，促进政策的公正合理，维护社会的利益平衡，增强社会的凝聚力和稳定性，为城市发展和社会进步打下坚实基础。

二、决策机制

征收政策的决策机制应当注重民主参与和科学决策相结合，建立多方协商、多方参与的决策机制，确保各方利益得到平衡和保障。同时，应建立有效的信息沟通渠道，增加信息的透明度和公开度，提高决策的科学性和公正性。

（一）民主参与原则

征收政策的决策机制应充分尊重民主参与原则，通过广泛听取社会各界的意见和建议，建立广泛有效的意见征集渠道，使得政策的制定更具民主性和公正性。

1. 广泛听取多方意见

征收政策的决策机制应当确保广泛听取来自不同利益相关方的意见和建议。这包括但不限于政府部门、社会组织、专业机构、学术界、企业界及受影响的民众群体等。通过召开听证会、座谈会等形式，政府能够有效了解各方诉求，凝聚共识，避免政策制定过程中的片面性和局限性。

2. 建立有效的参与渠道

决策机制需要建立开放透明的参与渠道，确保广大民众能够便利地参与政策讨论和决策过程。政府可以通过建立在线平台、征集意见信箱、召开社区会议等方式，鼓励公众就相关问题提出建设性意见，并及时向公众反馈意见采纳情况，增强公众对政策决策的信任感和参与感。

3. 民主决策程序的规范化

民主参与原则需要在决策程序中得到规范化和制度化。政府应当建立健全的政策制定流程，明确参与主体的权责，确保决策过程的公开透明和程序的公正合法。这包括确立决策的时间节点、参与人员的范围、信息的公开透明及意见的充分考虑和反馈等方面。

（二）科学决策手段

决策机制需要基于科学的数据分析和评估，结合社会现状和发展趋势，制定出符合实际情况的征收政策。科学决策手段能够提高政策的针对性和有效性，降低政策实施的风险和不确定性。

1. 数据驱动的决策分析

决策机制应当依托于数据驱动的决策分析。政府可以利用大数据技术和科学调研手段，收集和分析相关领域的数据，评估社会的需求和状况，预测政策实施后可能出现的影响和变化。基于科学的数据分析，政府能够更加准确地把握问题的实质和规律，制定出更加有效的征收政策。

2. 综合评估的决策依据

科学决策手段需要建立在综合评估的基础上。政府应当综合考虑经济、社会、环境等多方面因素，制定综合性的决策依据和评估报告。这些报告需要全面分析征收政策可能产生的经济效益、社会影响、生态环境影响等方面的因素，为政府决策提供全面科学的参考依据。

3. 专业团队的决策支持

科学决策手段离不开专业团队的支持。政府应该建立跨学科的专业团队，吸引经济学家、社会学家、法律专家、环境学家等多领域专家参与决策过程。通过专业团队的协作和支持，政府能够更加全面地了解政策制定的影响和可能面临的挑战，制定出更加科学合理的征收政策。

（三）信息沟通渠道的建立

建立有效的信息沟通渠道是决策机制的关键。政府应通过建立公开透明的信息平台，向社会公众传递决策信息和政策解读，增加决策的透明度和公开度，提高决策的公信力和可信度。

1. 公开透明的信息披露

信息沟通渠道需要建立在公开透明的基础之上。政府应该建立信息披露制度，及时向社会公众发布政策制定的相关信息和数据，包括政策背景、制定目的、决策过程、执行方案等内容。通过公开透明的信息披露，政府能够增加社会公众对政策决策过程的了解度和信任度。

2. 多样化的信息传播方式

信息沟通渠道需要采用多样化的信息传播方式，以满足不同群体的信息需求。政府可以通过新闻媒体、社交平台、官方网站、电视台等多种渠道传播政策信息，提高信息的覆盖范围和传播效果，提高政策的公众理解和支持度。

3. 定期的信息沟通与反馈机制

信息沟通渠道需要建立定期的沟通和反馈机制。政府应该定期组织沟通会议、新闻发布会等活动，与社会公众进行及时互动和交流。同时，政府需要设立专门的反馈渠道，及时收集社会各界的意见和建议，对公众关切进行解答和回应，增强政策沟通的及时性和有效性。

第三节　征收过程中的利益相关者参与

一、参与机制

征收过程中的利益相关者参与应当建立多方参与、多方协商的机制，确保各方利益得到平衡和保障。应加强对居民、社会组织和专业机构等利益相关者的培训和指导，提高其参与决策和协商的能力，增强其对征收政策的认同和支持。

（一）建立多方参与的平台

征收过程中的参与机制应该建立在多方参与的基础上，包括政府部门、社会组织、专业机构、受影响居民等利益相关方的广泛参与。政府可以通过召开听证会、征求意见书、专家座谈会等形式，建立有效的参与平台，促进各方利益的交流与协商。

1. 广泛性的参与主体

征收政策的制定和实施过程中，应确保具有广泛的参与主体。除了政府部门和相关专业机构外，还应包括受影响的居民、社会组织代表、学者专家、律师等多元化的利益相关者。他们的参与可以有效反映不同群体的利益诉求和关切，帮助政府制定更具包容性和可持续性的征收政策。

2. 多元化的参与形式

为了促进多方参与平台的建立，政府应采用多元化的参与形式。除了常规的听证会和座谈会外，还可以通过社区访谈、网络调查、问题征集等方式广泛收集意见。建立多元化的参与形式，这能够充分激发利益相关者的参与热情，提高政策制定的科学性和民主性。

3. 建立长效的协商机制

为了保障多方参与的平台的长期有效性，政府应建立长效的协商机制。这包括建立跨部门、跨层级的协商机构，设立专门的征收政策研讨会或委员会，定期召开会议，就重大决策和政策调整进行深入研讨和协商，确保政策制定的科学性和民意代表性。

（二）加强参与者能力培养

为了确保参与者能够有效参与决策和协商，政府应该加强对利益相关者的能力的培养和指导。这包括提供相关的法律知识和政策背景培训，增强他们的专业素养和参与能力，帮助他们更好地理解政策意图和维护自身利益。

1. 提供专业知识培训

为了提高利益相关者的参与能力，政府应提供相关的专业知识培训。这包括但不限于法律法规、政策背景、社会调研和风险评估等方面的培训。通过提供系统的培训课程，政府能够增强利益相关者对征收政策背景和制定过程的理解，提高其参与决策和协商的能力。

2. 加强沟通和协商技巧培养

参与者能力培养还需要加强沟通和协商技巧的培养。政府可以举办沟通技巧培训班、协商技巧讲座等活动，帮助利益相关者提高沟通协商的能力和水平，学习有效倾听和表达意见的方法，增强其在决策过程中的影响力和话语权。

3. 建立经验分享平台

为了促进参与者能力的共同提升，政府可以建立经验分享平台。这包括建立线上论坛、举办交流研讨会等形式，让不同领域的专业人士可以分享自己的经验和观点，互相学习和借鉴，促进参与者能力的共同成长和提高。

（三）加强认同和支持的建设

参与机制应当注重建立利益相关者对征收政策的认同和支持。政府可以通过与居民和社会组织的定期沟通交流，了解他们的关切和需求，并及时解决问题和困扰，增强其对政策的理解和支持度，确保征收过程的顺利推进和社会稳定发展。

1. 定期沟通交流

加强利益相关者对征收政策的认同和支持，需要建立定期的沟通交流机制。政府可以定期召开政策解读会、社区座谈会等活动，与利益相关者进行面对面的沟通交流，解答他们的疑虑和困惑，增强政策的透明度和可信度。

2. 解决问题和困扰

政府应及时解决利益相关者在征收过程中遇到的问题和困扰。无论是在程序操作上的疑问还是在补偿安置上的困难，政府都应当积极响应，提供具体可行的解决方案，保障利益相关者合法权益得到充分保障和维护。

3. 建立长效的反馈机制

为了加强认同和支持的建设，政府应建立长效的反馈机制。通过建立投诉和建议反馈平台，及时收集利益相关者的意见和建议，积极采纳合理建议，不断优化政策制定和实施过程，增强利益相关者对政策的参与和支持。

二、权利保障

征收过程中应充分尊重被征收者的合法权利，保障其知情权、参与权和监督权，确保其在征收过程中的合法权益得到充分保障和维护。同时，应建立健全的投诉和申诉机制，为被征收者提供有效的维权途径，保障其合法权益得到及时保护。

（一）尊重知情权和参与权

1. 透明信息披露机制

为充分尊重被征收者的知情权和参与权，政府应建立完善的透明信息披露机制。这包括在征收政策制定前期阶段，及时向受影响的居民公布征收政策的背景、目的、范围和标准等关键信息，确保被征收者对政策制定的全面了解。

2. 加强参与性决策程序的建立

为保障被征收者的参与权，政府应加强参与性决策程序的建立。这包括在决策过程中充分听取被征收者的意见和建议，建立民意征集平台，鼓励被征收者积极参与决策讨论和决策过程，确保其在政策制定中的合法权益和发言权。

3. 设立公开透明的决策机制

政府应建立公开透明的决策机制，确保决策过程的公正性和透明度。这包括公布决策的程序和时间表，设立相关决策公告栏，及时通报决策进展情况，提高决策的可预期性和公信力。

（二）建立投诉和申诉机制

1. 设立便捷的投诉渠道

为建立健全的投诉和申诉机制，政府应设立便捷的投诉渠道，让被征收者能够随时提出投诉和申诉。这包括设立 24 小时热线电话、网上投诉平台等便捷方式，让被征收者能够及时反映问题和诉求，保障其合法权益得到及时保护。

2. 建立专门的申诉机构

为保障被征收者的权益得到及时维护，政府应建立专门的申诉机构。该机构应包括专业的律师团队、调解人员等专业人士，能够及时受理和处理被征收者的申诉，为被征收者提供有效的维权途径，保障其合法权益得到妥善解决。

3. 加强投诉结果的反馈

政府应加强对投诉结果的及时反馈。及时反馈投诉处理的结果，向被征收者说明处理理由和措施，增加与被征收者的沟通以增进信任，增强政府的公信力和形象。

（三）加强监督权的保障

1. 建立独立监督机构

为加强监督权的保障，政府应建立独立的监督机构。该机构应具备独立性和权威性，能够对征收过程中的决策和执行情况进行监督和评估，确保征收政策的合法性和公正性得到切实维护。

2. 加强社会监督力量

政府应加强社会监督力量的培育。鼓励社会组织、媒体等第三方力量积极参与对征收过程的监督，加强对政府权力行使的监督和评价，确保征收过程的公正合法和社会稳定。

3. 加强信息公开和透明度

政府应加强信息公开和透明度的建设。及时公布征收政策执行的进展情况和相关数据，向社会公众公开征收过程中的关键信息和决策依据，提高政策执行的透明度和可信度，增强被征收者对政府监督机制的信任和支持。

第四节　征收策略的效益和限制

一、效益评价

征收策略的效益评价应当注重项目的可持续发展和社会效益，从经济、社会和环境等多方面进行全面评估，确保征收策略能够实现预期的经济效益和社会效益。应采用科学的评估方法，量化评估指标，为政府决策提供科学依据。

（一）多维度评估体系

征收策略的效益评价需要建立多维度评估体系，包括经济效益、社会效益和环境效益等方面。在经济效益评估中，可以从投资回报率、资源利用效率等角度评估征收项目对当地经济的促进作用；在社会效益评估中，应考虑征收对居民生活、社会稳定、公平正义等方面的影响；在环境效益评估中，需要评估征收项目对生态环境的影响程度及可持续性。

1. 经济效益评估

在征收策略的经济效益评估中，关注投资回报率是至关重要的。通过评估征收项目的投资回报率，可以全面了解征收项目所带来的经济效益和投资效益情况。投资回报率是评价投资项目收益水平的重要指标，可以帮助评估征收项目对资金投入的收益回报情况，判断征收项目是否具有投资吸引力和经济效益可行性。

对征收项目的产业发展潜力进行评估也至关重要。产业发展是地方经济持续发展的重要保障，评估征收项目对当地产业发展的潜在促进作用，有助于了解征收项目对当地产业结构的影响和调整情况。可以通过分析征收项目对当地产业结构优化升级的影响程度，评估征收项目是否能够带动当地产业发展的持续壮大，提高地方产业的竞争力和影响力。

评估征收项目对就业机会的增加情况也是经济效益评估的关键内容之一。就业是民生之本，评估征收项目对当地就业机会的增加情况，有助于了解征收项目对当地就业水平的影响和提升情况。可以通过分析征收项目对当地就业结构和就业规模的影响程度，评估征收项目是否能够有效促进当地就业的增加和就业结构的优化调整，提高居民的就业机会和就业质量。

在经济效益评估中，需要综合考虑以上多个方面的指标，形成一个全面的评估体系，以确保对征收项目的经济效益能够进行全面、客观、准确的评价。全面的经济效益评估，可以帮助政府更好地制定和调整征收政策，促进地方经济的持续健康发展。

2. 社会效益评估

在征收策略的社会效益评估中，应重点关注征收对居民生活质量的影响。通过调查研究和社会调研等方式，评估征收项目对当地居民生活条件、生活环境、社会福利等方面的影响情况。可以通过分析征收项目对居民生活质量的改善程度，评估征收项目是否能够有效提高居民的生活水平和生活品质，促进社会整体生活水平的提升和提高居民的生活满意度。

征收项目对社会和谐稳定程度的影响也应受到重视。社会和谐稳定是社会可持续发展的重要保障，评估征收项目对社会和谐稳定程度的影响，有助于了解征收项目对社会关系和社会秩序的影响和调整情况。可以通过分析征收项目对社会关系和谐程度的影响程度，评估征收项目是否能够促进社会稳定和社会和谐的持续发展，增强社会的凝聚力和稳定性。

评估征收项目对公平正义感知的影响也是社会效益评估的关键内容之一。公平正义感知是社会公平正义的重要体现，评估征收项目对公平正义感知的影响，有助于了解征收项目对公平正义观念的影响和认同情况。可以通过调查研究和社会评估等方式，评估征收项目对公平正义感知的影响程度，评估征收项目是否能够有效提升公平正义感知水平，增强社会成员对公平正义的认同和支持。

在社会效益评估中，需要综合考虑以上多个方面的影响，形成一个全面的评估体系，以确保对征收项目的社会效益能够进行全面、客观、准确的评价。全面的社会效益评估，可以帮助政府更好地了解征收政策对社会生活和社会秩序的影响，为政府调整和优化征收策略提供科学依据。

3. 环境效益评估

在征收策略的环境效益评估中，应重点关注征收项目对土地利用变化的影响。通过环境影响评价和土地资源评估等方法，评估征收项目对当地土地利用方式和土地资源的影响情况。可以通过分析征收项目对土地资源利用效率的提升情况，评估征收项目是否能够促进土地资源的高效利用，保障土地资源的可持续利用和保护，为当地的生态环境提供保障和支持。

征收项目对生态环境恢复和保护的影响也应受到重视。生态环境的恢复和保护是环境可持续发展的重要保障，评估征收项目对生态环境的恢复和保护程度，有助于了解征收项目对生态系统的影响和调整情况。可以通过分析征收项目对生态系统服务功能的提升情况，评估征收项目是否能够有效促进生态环境的恢复和保护，增强生态系统的稳定性和可持续性。

评估征收项目对资源利用效率的影响也是环境效益评估的重要内容之一。资源的高效利用是环境可持续发展的重要保障，评估征收项目对资源利用效率的提升程度，有助于了解征收项目对资源利用效率的促进作用和调整情况。可以通过分析征收项目对资源利用效率的改善程度，评估征收项目是否能够有效促进资源的节约利用和高效利用，降低资源消耗和环境污染，保障资源的可持续利用和保护。

在环境效益评估中，需要综合考虑以上多个方面的影响，形成一个全面的评估体系，以确保对征收项目的环境效益能够进行全面、客观、准确的评价。全面的环境效益评估，可以帮助政府更好地了解征收政策对环境可持续性的影响，为政府制定环境友好型征收策略提供科学依据。

（二）科学的评估方法

为确保评估结果客观可靠，应采用科学的评估方法。包括以问卷调查、实地考察、统计分析等方式收集数据，并结合定量和定性分析手段进行综合评估。

1. 数据收集方式多样化

在数据收集过程中，问卷调查是一种重要的数据收集方式。通过设计合理的问卷调查内容和问题，可以全面了解被征收者对征收项目的看法、意见和反馈。问卷调查能够广泛覆盖不同类型的被征收者群体，获取大量的定量数据，为评估提供全面的参考依据。

实地考察是数据收集过程中必不可少的环节之一。通过实地考察，可以直接观察和了解当地的自然环境、社会情况、生产生活状况等相关情况。实地考察能够提供直观的、真实的数据信息，为评估提供丰富的现场情境数据支持，有助于评估的准确性和客观性。

深度访谈是获取利益相关者想法和需求的重要方式之一。通过与被征收者、利益相关者的深入交流和访谈，可以深入了解其真实想法、意愿和需求。深度访谈可以获取一些质性数据和深层次信息，有助于评估的全面性和深度性，为评估提供全面且具体的信息支持。

在数据收集过程中，需要结合多种方式进行数据收集，以确保获取的数据全面、准确、可靠。多种数据收集方式的综合应用能够帮助评估团队更全面地了解征收项目的情况，更准确地把握被征收者的真实需求和意愿，为评估提供丰富的数据支持，确保评估结果客观可靠。

2. 定量和定性分析相结合

定量分析在征收策略评估中起着至关重要的作用。通过对大量的数据进行统计和分析，可以得出客观、精确的结论和趋势。定量分析可以利用各种统计方法，如回归分析、相关性分析等，对征收策略的经济效益、社会影响等方面进行量化评估，为政府提供科学的决策依据和参考框架。

定性分析在征收策略评估中也具有重要作用。对深度访谈、焦点小组讨论和实地观察等定性数据的综合分析，可以深入了解被征收者的真实感受、态度和需求。定性分析能够从受访者的情感、态度和观点等方面探究征收策略对当地社会、居民生活等方面的影响，为政府制定人性化、社会化的征收政策提供重要参考。

将定量和定性分析结合可以实现评估结果的全面性和准确性。定量分析和定性分析各自具有独特的优势，在评估过程中相互补充、相互印证。将两种分析方法结合，可以综合考虑征收策略对经济、社会和环境等方面的综合影响，全面评估征收策略的效果和影响，为政府制定科学合理的政策提供有力支持。

在定量和定性分析结合的过程中，需要注意两者之间的融合和平衡。在整合定量和定性数据时，需要注意数据之间的关联性和一致性，避免数据分析过程中的片面性和不足之处，确保评估结果的全面性和准确性，为政府提供科学可靠的决策依据。

（三）决策的科学依据

征收策略的效益评价结果应成为政府决策的重要参考依据。政府在制定征收政策时，应充分考虑评估结果，及时调整政策方向和措施，确保征收策略能够实现预期的经济效益和社会效益，实现政策的可持续发展。

1. 政策调整的及时性

政策评估结果的及时性对于征收策略的有效调整至关重要。政府应设立科学、高效的评估机制，确保征收策略的评估结果能够及时反映实际情况。通过定期评估和监测征收策略的实施效果，政府可以及时了解政策的成效和不足之处，为政策调整提供明确的决策依据。

政府在接收评估结果后应积极采取行动，及时调整和完善征收策略。评估结果显示出征收策略存在的问题和不足时，政府应该通过多种渠道与利益相关方沟通交流，了解他们的意见和建议，并根据评估结果制定具体的政策调整方案，适时对征收政策进行优化和改进。

政府应加强信息共享和沟通协调，确保政策调整的顺利实施。在政策调整过程中，政府需要与各利益相关方保持密切沟通，充分交流各方的关切和需求，争取社会各界的理解和支持，从而推动政策调整的顺利实施，确保政策调整能够真正解决现有问题，促进当地社会的可持续发展。

政府应建立健全的政策跟踪和反馈机制，不断监测和评估政策调整的效果。政府需要在政策调整后建立科学的监测和评估体系，及时收集相关数据和信息，全面了解政策调整的实施情况和效果，为进一步的政策优化提供科学的依据和支持。

2. 政策可持续发展的保障

政府在决策过程中应该将可持续发展作为重要的政策目标，确保征收策略不仅能够带来短期经济效益，还要考虑其对环境和社会的长期影响。应该充分考虑资源的可持续利用、生态环境的保护及社会的稳定发展，建立健全的征收政策框架，以促进可持续发展理念的贯彻落实。

政府在制定征收政策时应充分调研、评估和预测征收政策可能产生的各方面影响。需要重点考虑征收对当地生态环境的影响程度、资源利用的可持续性、社会稳定性的影响等方面，制定相应的政策措施和应对方案，以确保征收策略能够符合可持续发展的要求，并最大限度地减少负面影响。

政府在征收策略的实施过程中应加强对相关措施的监测和评估。定期对征收政策的实施效果进行评估和监测，及时发现和解决可能存在的问题和隐患，确保政策措施的有效性和可持续性。同时，政府需要充分利用科学技术手段，加强数据采集和分析，为政策调整和优化提供科学依据。

政府应加强对社会各界的宣传和教育，增强公众对可持续发展的认知。加强对公众的宣传教育工作，提高公众对可持续发展的认知和重视程度，培养公众对环境保护和资源利用的责任感，促进社会共识的形成，推动可持续发展理念在社会各界的广泛传播和深入落实。

3. 社会效益优先的考量

政府在决策过程中应以社会效益为重要指导原则，即在制定征收策略时，应充分考虑其对当地社会的影响，关注征收对社会公平正义、社会和谐稳定等方面的影响。在考量社会效益时，政府需要综合考虑各方利益，特别是弱势群体的利益，保障他们的合法权益，促进社会的公平正义和谐稳定。

政府应在征收策略制定的早期阶段就充分征求社会各界的意见和建议。通过广泛的社会调研和民意收集，了解各方利益诉求，关注公众关注的热点和难点问题，形成民意共识，促进政策的民主化和科学化，提高政策的针对性和实效性。

政府在征收过程中应加强对社会公平正义的保障和维护。需要建立健全的社会保障制度和救助机制，确保被征收者在征收过程中能够得到公平对待和合理补偿，防止利益倾斜和社会矛盾的发生，维护社会的稳定和谐。

政府应加强对社会和谐稳定的促进和维护。需要加强社会管理和服务，建立多元化的矛盾调处机制，化解社会矛盾和纠纷，促进社会和谐稳定。同时，政府需要加强对社会风气和社会文明的引导，树立正确的社会价值观和道德观，促进社会良性发展和谐共处。

二、限制分析

征收策略的限制主要包括利益分配的不公平、征收程序的不规范等问题。政府应加强政策的完善和法律法规的制定，提高政府决策的透明度和科学性，确保政策的公平性和公正性。同时，应强化监督和问责机制，对不规范行为进行纠正和追责，提高政策的执行力和效果。

（一）利益分配的不公平

政府应加强利益分配的公正性和公平性，建立公平合理的补偿机制和分配制度，确保被征收者的合法权益得到充分保障和维护。

1. 不合理的补偿机制

一些地方政府的征收过程往往缺乏科学合理性和公平性，对被征收者的补偿标准和方式制定不当，导致被征收者在征收过程中因补偿不足而遭受损失。这种情况下，被征收者可能因补偿不公平而产生不满情绪，甚至引发社会矛盾和不稳定因素。

首先，征收过程中不合理的补偿机制可能源于政府对被征收者的损失估计不准确。很多时候，政府在补偿标准的制定过程中可能未能充分考虑到被征收者的实际损失，或者未能进行准确全面的评估，导致补偿标准不足以覆盖被征收者的实际损失，从而使得被征收者因补偿不足而感到不满。

其次，不合理的补偿机制可能与政府政策制定中缺乏充分的民众参与有关。在一些情况下，政府在制定补偿标准和机制时可能缺乏与被征收者的充分沟通与协商，未能充分了解被征收者的真实需求和诉求，导致补偿机制与被征收者的期待存在较大差距，进而引发不满和争议。

再次，补偿机制的不合理性也可能源于政府对当地实际情况的了解不足。在征收过程中，政府未能充分了解当地的经济状况、房屋价格走势、社会发展水平等因素，导致政策制定时对补偿标准的制定缺乏科学性和合理性，使得补偿标准与实际情况脱节，无法有效保障被征收者的合法权益。

最后，征收过程中不合理的补偿机制可能也与地方政府的执行力和监督力不足有关。在一些地方，政府在执行补偿政策时可能缺乏足够的监督和制衡机制，导致补偿标准的执行不到位或存在变通，这使得一些被征收者未能按照规定获得应有的补偿，进一步加剧了利益分配不公平的问题。因此，政府应加大对补偿政策的执行力度，建立健全的监督机制，确保补偿政策的公平公正执行，保障被征收者的合法权益得到充分保障和维护。

2. 权力不对等导致的利益倾斜

第一，权力不对等导致利益倾斜的原因之一在于地方政府在征收过程中可能存在权力滥用的情况。一些地方政府在执行征收政策时可能存在滥用职权、任意扩张等问题，导致征收过程中利益分配偏向政府或相关利益集团，而忽视被征收者的合法权益。这种情况下，被征收者的利益无法得到有效保障，造成不公平现象的发生。

第二，权力不对等还可能与信息不对称有关。在征收过程中，政府可能掌握着更多的信息资源，而被征收者由于信息获取渠道受限，可能缺乏对政策和程序的全面了解，导致在利益分配中处于被动地位。政府应该加强信息公开和透明度建设，确保被征收者能够充分了解政策和程序的具体内容，增强其对利益分配公正性的认知和信任度。

第三，权力不对等还可能源于利益集团的影响。在一些情况下，利益集团可能通过各种渠道对政府施加影响，导致政府在征收过程中更倾向于满足特定利益集团的需求，而忽视广大被征收者的合法权益。政府应加强监督和问责机制，防止利益集团对政府决策产生不正当影响，建立公平公正的利益分配机制，保障被征收者的合法权益得到充分保障和维护。

第四，权力不对等导致的利益倾斜问题也需要加强社会监督与公众参与。社会各界应当积极参与对征收过程的监督，监督政府的决策和行为是否符合法律法规，是否公正合理。同时，政府应鼓励公众参与决策过程，增强公众对政策制定的参与度和认同感，建立更加公平公正的利益分配机制，确保被征收者的合法权益得到充分保障和维护。

3. 分配制度的不健全

分配制度不健全可能源于政府制定的分配标准和程序缺乏科学性和合理性。在征收过程中，政府应制定明确的分配标准，包括补偿标准、补偿方式、分配程序等，以确保被征收者能够依法获得合理的补偿和保障，避免因制度不健全而导致利益分配不公平的问题。

分配制度不健全还可能与分配程序的执行不到位有关。在一些情况下，征收程序的执行缺乏有效监督和管理，导致分配制度无法得到有效执行，被征收者在分配过程中难以获得应有的保障和权益。政府应加强对征收程序的监督和管理，建立健全的执行机制，确保分配制度能够得到有效贯彻和执行，确保被征收者的合法权益得到充分保障和维护。

分配制度不健全也可能与相关法律法规不完善有关。在一些情况下，现行法律法规可能未能充分覆盖征收过程中的各项权益保障，导致分配制度缺乏法律依据和保障。政府应加强法律法规的修订和完善，确保相关法律法规能够充分保障被征收者的合法权益，在征收过程中起到有效的保障和监督作用。

分配制度不健全还需要加强社会参与和监督。社会各界应当积极参与分配制度的监督和管理，发挥舆论监督的作用，确保政府在分配过程中遵循公平公正的原则，维护被征收者的合法权益，避免利益分配不公平的问题发生。同时，政府应加强与社会的沟通和协商，增强公众对分配制度的了解和认同，建立更加公开透明的分配机制，确保被征收者的合法权益得到充分保障和维护。

（二）征收程序的不规范

政府应加强对征收程序的规范和监督，建立健全的征收程序操作规范，确保征收过程的合法合规和规范运行，防止程序漏洞和权力滥用的发生。

1. 程序操作不透明

程序操作不透明可能源于政府信息公开不及时或不全面。在征收过程中，政府应当及时公开征收相关的政策文件、程序流程、规定要求等信息，确保被征收者能够充分了解征收程序的具体操作流程和规定。政府可以通过建立公开的信息平台、发布公告通知等形式，提高信息公开的及时性和透明度，增强被征收者对征收过程的了解和信任度。

程序操作不透明可能与征收程序的管理和监督不到位有关。在一些情况下，征收程序可能存在监管不到位、管理混乱等问题，导致征收过程中的具体操作流程难以得到有效的执行和监督。政府应加强对征收程序的管理和监督，建立健全的执行机制和监管制度，确保征收程序能够按照规定的程序和要求进行操作，保障被征收者的合法权益得到充分保障和维护。

程序操作不透明还可能与相关人员的操作失误和不规范有关。在一些情况下，征收程序的操作可能存在操作不规范、程序操作流程混乱等问题，导致被征收者难以准确了解征收程序的具体操作流程和规定。政府应加强对相关人员的培训和指导，提高其对征收程序操作规范的认识和理解，确保征收程序能够按照规定的程序和要求进行操作，保障被征收者的合法权益得到充分保障和维护。

程序操作不透明的问题也需要加强社会参与和公众监督。社会各界应当积极参与对征收程序的监督和管理，发挥舆论监督的作用，确保政府在征收过程中遵守程序规范，保证被征收者的合法权益得到充分保障和维护。同时，政府应加强与社会的沟通和协商，增强公众对征收程序操作规范的了解和认同，建立更加公开透明的征收程序操作机制，增强被征收者对程序公正性的信任度。

2. 程序监督不到位

政府应加强监督机制的建设和完善。这包括明确监督机构的职责和权限范围，建立健全的监督流程和工作机制，确保监督工作能够按照规定的程序和要求进行，提高监督工作的有效性和实效性。同时，政府还应加大对监督机构的资源投入和支持力度，提高监督力量的专业素质和工作能力，确保监督工作能够做到全面、及时、有效。

政府应加强对监督机制的监督和评估。这包括建立健全的监督机制评估体系，定期对监督机制的运行情况进行评估和检查，发现存在的问题和不足，并及时采取措施加以改进和完善。政府可以通过组织第三方评估、开展监督机制的专项审计等方式，加强对监督机制的监督和管理，提高监督工作的科学性和专业性，确保监督工作能够发挥应有的作用。

政府应加强对监督机构的培训和指导。这包括为监督人员提供相关的法律法规培训和业务指导，提高他们对征收程序规范的认识和理解，提升他们的监督工作能力和水平，提高监督工作的专业性和针对性。政府可以通过举办专业培训班、开展业务指导会等方式，加强对监督人员的培训和指导工作，提高他们的工作水平和业务能力，确保监督工作能够做到科学、规范、专业。

政府应加强与社会的沟通和协商。这包括通过定期召开座谈会、征求意见书等方式，加强政府与社会各界的沟通和交流，了解社会各界对征收程序的监督意见和建议，及时调整监督工作的重点和方向，提高监督工作的针对性和有效性。同时，政府还应加强对社会各界的宣传和引导，增强公众对征收程序监督工作的支持和配合度，营造良好的社会氛围和舆论环境，确保监督工作能够得到社会各界的普遍支持和认可。

3. 程序规范性建设不足

在征收过程中存在的程序规范性建设不足问题，主要源于相关法规制度的不完善。

一些地方政府在制定征收相关法规时可能存在考虑不全面、条款不明确等问题，这导致法规对征收程序的规范性要求不够明确和具体，容易引发操作不规范的情况发生。这种情况下，政府需要对相关法规进行仔细审核和评估，确保法规的条款能够涵盖征收程序的各个方面，明确权责关系和操作程序，为征收过程提供明确的法律依据。

征收过程中存在的程序规范性建设不足问题还与操作流程不规范有关。由于征收涉及的程序较为复杂，执行操作流程的不规范往往涉及多个环节和多个部门，容易因环节衔接不顺畅、操作规程不清晰等导致程序违规。因此，政府需要对征收程序的各个环节进行详细的分析和评估，确定每个环节的具体操作要求和流程，明确各个部门的职责分工和协作机制，加强对操作流程的规范性要求，严格执行标准，确保征收过程能够按照规定的程序和要求进行。

第五章　城市规划与社会影响

第一节　城市规划对社会的影响

一、城市规划对社会结构的影响

城市规划的布局和设计直接塑造了城市的社会结构。不同的城市规划布局会导致不同社会群体的聚居分布模式。

（一）城市规划布局与社会经济差异区形成

不同的城市规划布局对社会群体聚居分布产生直接影响。例如，以居住区为中心的城市规划布局可能导致不同社会群体在特定区域聚居，形成社会结构中的社会经济差异区。

1. 城市规划布局与社会经济差异区形成

城市规划布局作为城市发展的重要组成部分，直接影响着城市内部不同社会群体的聚居分布。以居住区为中心的城市规划布局通常是城市发展的一种常见模式。在这种布局下，城市中心地段往往被规划为商业繁华区和高档住宅区，吸引了大量的高收入人群和社会精英。而城市的边缘地带或偏远地区则被规划为低收入人群的聚居区，这种分布格局导致了城市内部明显的社会经济差异区。高收入人群和低收入人群的聚居区域差异，不仅反映了城市内部的阶层分化，也在一定程度上加剧了社会的不平等现象。

城市规划布局对社会经济差异区的形成也影响着不同社会群体的公共服务资源获取。社会经济差异区的存在，导致了城市内部公共服务资源的不均衡分布。高收入人群聚居区域往往拥有更好的教育资源、医疗资源和社会服务资源，而低收入人群聚居区域却面临着公共服务资源匮乏的问题。这种差异化的公共服务资源分配，进一步加剧了城市内部社会群体之间的不公平现象，阻碍了社会整体的可持续发展。

城市规划布局对社会发展机会的分配也产生重要影响。社会经济差异区的存在限制了低收入人群获取良好教育和就业机会的可能性。由于居住区域的不同，低收入人群往往面临着教育资源匮乏和就业机会有限的问题，这进一步造成了社会经济差距的扩大。

城市规划布局应当着重考虑社会公平和社会正义，通过优化城市空间结构和提高公共服务资源配置的均衡性，为不同社会群体提供更为公平的发展机会。

为缓解城市规划布局带来的社会经济差异区问题，需要在城市规划中充分考虑社会公平和社会稳定。政府应加强城市规划的科学性和合理性，鼓励混合型社区的发展，促进不同社会群体之间的交流与互动。此外，应加大对城市边缘地区和偏远地区的基础设施建设和公共服务资源配置，以缩小城市内部社会经济差异，促进城市整体的可持续发展。

2. 城市规划布局与产业区聚居差异

以产业区为中心的城市规划布局在一定程度上塑造了城市内部不同社会群体的聚居分布。不同产业区域的定位和功能特点决定了其吸引人群的特征。高科技产业区和金融商业区往往聚集了大量高技能人才和高收入人群，这些人群更倾向于选择居住在靠近工作地点的高档住宅区，形成了以产业区为中心的高收入聚居区。相对而言，传统产业区和工业区吸引了大量低技能人群和低收入人群，这些人群在经济压力下选择居住成本相对较低的城市边缘地区或中低档住宅区，导致以产业区为中心的低收入聚居区的形成。

以产业区为中心的城市规划布局不仅仅影响着社会群体的聚居分布，还直接影响着不同社会群体的社会交往和交流。高收入人群和低收入人群所处的不同产业区域往往具有不同的社会氛围和社会资源。高科技产业区和金融商业区往往具有更为活跃和开放的社会氛围，人们在这里更容易获取到各类社会资源和机会，形成了相对封闭的社会交往圈。相反，传统产业区和工业区的社会交往更多地局限于本地社区范围，人们的社会交往渠道较为有限，这种局限性也进一步加剧了不同社会群体之间的社会差异。

以产业区为中心的城市规划布局也对城市内部的教育资源和社会服务资源的分配产生重要影响。高收入聚居区往往能够获得更为优质的教育资源和社会服务资源，如优质学校、高水平医疗机构等。这些资源的集中分布进一步增强了高收入人群社会优势的稳固性和传承性，而低收入聚居区的教育资源和社会服务资源的匮乏则限制了低收入人群的社会发展机会，造成了社会经济差异区在教育和社会服务方面的明显分化。

针对以产业区为中心的城市规划布局所带来的社会经济差异区问题，应当加强对不同社会群体的公共服务资源配置，促进城市内部社会资源的均衡分配。政府可以通过调整土地利用结构、完善城市交通设施、优化教育资源配置等措施，促进不同社会群体之间的社会交往与交流，提升城市内部社会经济差异区的整体均衡性，促进城市的可持续发展。

3. 功能区城市规划与社会空间差异

功能区城市规划的发展趋势为城市内部不同社会群体提供了更多元化的生活和发展空间。随着城市功能的日益多样化和专业化，功能区城市规划将城市内部划分为商业区、文化教育区、生态环保区等不同功能区域。这种多功能区划使得不同社会群体能够根据自身工作和生活需求选择适合自己的居住区域，从而提升了城市居民的生活质量和便利性。商业区的繁荣活力、文化教育区的知识氛围及生态环保区的清新环境为城市居民提供了多样化的生活体验。

功能区城市规划的发展也可能加剧不同社会群体之间的空间分割和社会经济差异。不同功能区域内的社会群体往往形成了不同的社会圈层和社会交往圈，限制了不同社会群体之间的交流和互动。商业区和高端住宅区往往聚集了城市的精英阶层，形成了相对封闭的社会圈层，而生态环保区和一些低端产业区域则聚集了低收入人群，这种空间上的分割可能加剧了城市内部的社会经济差异，阻碍了社会的整体融合与发展。

功能区城市规划在一定程度上影响着城市内部公共服务资源的分配和配置。不同功能区域的社会群体往往面临着不同层次的公共服务资源供给。商业区和文化教育区通常拥有更为丰富和高品质的公共服务资源，如优质学校、文化设施和医疗机构，而生态环保区和一些低端产业区域则面临公共服务资源匮乏的困境。这种差异化的公共服务资源分配可能加剧了城市内部社会经济差异，阻碍了城市整体的公平发展。

为了克服功能区城市规划带来的社会空间差异问题，城市规划者需要注重在不同功能区域之间建立联系和桥梁，促进不同社会群体之间的交流与互动。政府可以通过优化公共交通网络、完善社会服务设施、推动文化活动的多样化等措施，促进城市内部不同功能区域之间的融合与交流，打破社会空间上的壁垒，促进城市内部的整体发展与进步。

（二）城市规划中商业区和工业区对社会结构的影响

城市规划中商业区和工业区的设置也会影响社会结构的形成。商业区的规划布局可能吸引不同社会群体的聚集，而工业区的规划布局则会影响不同社会群体的工作机会和产业结构。

1. 商业区的影响

商业区作为城市中心的商业繁华地带，通常吸引了大量高收入人群及具有一定消费能力的社会群体。这些人群往往聚集在商业区周边的高档住宅区或者豪华公寓楼内，形成了商业区周边的高收入社会群体聚居区。这种区域内的社会结构通常表现为社会精英和商业精英的集聚，人们之间的社会交往和互动频繁而紧密，形成了独特的社交圈层和社会网络。

商业区的发展也带动了服务业和零售业的蓬勃发展，促进了相关产业链的发展和就业机会的增加。这对于提升城市居民的生活水平和消费能力具有重要意义，同时也吸引了大量外来务工人员和移民人群的拥入。这些人群通常集聚在商业区周边的廉租房区或者城市边缘地带，形成了以低收入人群为主的社会群体聚居区，使得商业区周边形成了明显的社会结构分化。

商业区的规划布局还会影响城市内部的社会文化活动和社会交往形式。商业区内丰富多样的文化设施和娱乐场所为居民提供了丰富多彩的文化生活和社交活动，增强了城市内部社会交流与互动的密度和频率。然而，商业区周边的社会群体聚居区之间的社会交往相对较少，形成了社会交往和交流的局限性，进一步加剧了城市内部的社会结构分化和社会阶层差异。

2. 工业区的影响

工业区的规划布局直接影响着城市内部不同社会群体的工作机会和就业形态。工业区内的工业企业往往吸引了大量低技能劳动力和半技术工人，他们通常聚居在工业区周边的低收入社会群体聚居区，形成了以工人阶层为主的社会群体聚居区。这种区域内的社会结构特点是工薪阶层和劳动阶层的集中，其社会群体之间通常具有较强的同质性和相似性。

工业区的发展也对城市产业结构和经济发展产生重要影响。工业区内的工业企业往往形成了独特的产业集群和产业链，促进了相关产业的良性发展和城市经济的持续增长。然而，随着工业转型和产业升级的推进，部分传统工业区域逐渐面临产业结构调整和转型升级的挑战，这直接影响着工业区周边社会群体的就业机会和经济收入水平，加剧了社会经济差异和不平等现象。

工业区的规划布局也对城市环境质量和生态环境保护产生影响。工业区的不合理布局和环境污染问题可能会对周边居民的生活质量和健康状况造成一定影响，进而影响着社会群体的居住健康水平和社会福祉程度。政府和相关部门应加强对工业区环境保护和污染治理的监管和管理，保障周边社会群体的生态环境权益和生活品质。

二、城市规划对社会文化的影响

（一）城市规划对文化定位的影响

城市规划塑造了城市的文化氛围和特色。不同的城市规划风格和理念会直接影响城市的文化定位和发展方向，进而影响城市的文化传承和文化建设。

1. 城市规划风格对文化定位的影响

城市规划风格作为城市文化定位的重要组成部分，直接塑造了城市的整体形象和文化氛围。不同城市规划风格所呈现的建筑风貌、街道布局及公共空间设计等方面都承载着特定的历史、文化和社会背景。例如，欧洲古典风格的城市规划常常体现了对历史文化传承的尊重和追溯，通过保留历史建筑和传统街区的特色，展示了城市深厚的历史文化底蕴和传统建筑艺术的精髓。这种规划风格所呈现的城市面貌往往散发着沉稳、庄重和典雅的气息，体现了对过往历史的敬畏和传统文化的珍视。

现代主义风格的城市规划强调了城市的现代化发展和科技创新。这种风格的城市规划注重了城市功能区的合理布局和科技设施的完善，体现了城市对未来发展的积极探索和追求。现代主义风格的城市规划通常呈现出建筑线条简洁明快、空间布局合理科学的特点，体现了城市对现代科技和发展活力的充分展示和表达。这种规划风格所营造的城市景观往往呈现出现代化、活力充沛的特色，展现了城市对于科技创新和现代生活方式的追求和推崇。

城市规划风格的选择与城市的历史文化传承密切相关。在城市发展的过程中，不同历史时期所遗留下来的文化遗产和建筑风格会对城市规划产生直接影响，塑造出不同的城市文化定位和特色。例如，一些历史悠久的城市常常会在城市规划中保留古典建筑和传统街区，以展示城市悠久的历史文化底蕴和独特的文化遗产。而一些新兴的城市则可能更倾向于现代化的城市规划风格，以展现城市的发展活力和现代化形象。

城市规划风格的选择与城市的未来发展方向密切相关。城市规划不仅是对城市现状的反映，更是对城市未来发展的规划和展望。因此，城市规划中的风格选择需要综合考虑城市的历史文化传承、现代化发展需求及未来发展方向，以确保城市规划能够促进城市文化的持续传承和发展，并为城市的未来发展奠定良好的基础。

2. 历史文化遗产保护对城市文化发展的促进

历史文化遗产的保护与传承是城市文化发展的重要支撑。历史文化遗产承载着城市深厚的历史积淀和文化底蕴，是城市文化传承和发展的珍贵资源。对于历史街区、古建筑群和传统文化遗址的保护与利用，不仅可以有效地激活城市的历史记忆，让人们感受到城市发展的历史脉络和文化沉淀，而且可以促进城市文化的多元发展。这些历史文化遗产的保护与传承，使得城市拥有了独特的文化魅力和吸引力，成为吸引游客和文化爱好者的重要文化景观。

历史文化遗产的保护与传承有助于提升城市的文化影响力。历史文化遗产作为城市文化的重要组成部分，是城市文化软实力的重要体现。对历史街区、古建筑群和传统文化遗址的保护和利用，可以让更多的人了解和认识城市的历史文化，增强对城市的认同感和归属感。同时，这些历史文化遗产的保护与传承也能够为城市的文化交流和文化输出提供重要支撑，增强城市在国内外的文化影响力和文化号召力。

对特定民族地区和少数民族聚居区的文化保护和传承，有助于增强城市的多元文化特色和社会凝聚力。在多元文化的背景下，对特定民族地区和少数民族聚居区的文化保护和传承显得尤为重要。这些特色文化区域承载着丰富多彩的民族文化和地方特色，是城市多元文化的重要组成部分。对这些特色文化区域的保护和传承，可以促进不同文化群体之间的交流和融合，增进对文化多样性的理解和尊重，提升城市的文化包容性和社会凝聚力。

历史文化遗产的保护与传承需要注重文化自信的塑造。对历史文化遗产的保护和传承，可以帮助城市建立自信的文化自觉，增强城市文化的自我认知和自我定位。在全球化的背景下，城市需要保持独特的文化特色和鲜明的文化个性，这需要通过对历史文化遗产传承和发展，树立城市独特的文化形象和城市精神。同时，也需要注重对当代文化的创新和发展，以更好地适应时代的发展需求和人们的文化消费需求，推动城市文化的蓬勃发展和时代精神的传承。

（二）文化设施和空间对社会文化的影响

城市规划中的文化设施和文化空间的设置也对社会文化产生重要影响。例如，文化广场、博物馆、艺术中心等的规划建设促进了城市文化的繁荣和传承，影响着居民的文化消费和文化参与行为。

1. 文化设施对城市文化素质提升的作用

文化设施在城市规划中的合理设置和布局，为城市居民提供了丰富多样的文化体验和学习交流平台。文化广场作为城市公共空间的重要组成部分，承载着丰富多彩的文化活动和社会交往。它不仅是城市文化生活的重要载体，也是居民日常休闲娱乐和文化交流的重要场所。博物馆作为城市文化传承和文化展示的窗口，承载着丰富的历史文化和艺术精粹，为居民提供了了解城市文化历史和艺术成就的重要途径。艺术中心作为城市艺术交流和表现的平台，不仅丰富了城市的艺术氛围和文化气息，也提供了居民艺术学习和交流的重要场所。图书馆作为城市知识普及和文化传承的重要载体，不仅为居民提供了丰富的书籍资源和文化信息，也成了居民学习和知识交流的重要场所。这些文化设施的存在丰富了城市居民的文化生活，提升了居民的文化品位和文化素养。

文化设施的建设和完善，为城市居民提供了良好的文化学习和交流平台。在这些文化设施的丰富资源和优质服务的支持下，居民可以充分利用文化设施提升自身的文化修养和艺术素养。文化广场举办的各类文化活动和演出，为居民提供了近距离感受和体验优质文化艺术的机会，促进了居民文化艺术认知和欣赏水平的提升。博物馆丰富多彩的展览和文化活动，为居民提供了深入了解城市文化历史和艺术成就的机会，促进了居民对文化遗产和艺术精粹的学习和传承。艺术中心举办的各类艺术培训和表演交流活动，为居民提供了发展艺术特长和提升艺术水平的平台，促进了居民对艺术文化的专业学习和交流。图书馆丰富的图书资源和多样化的文化活动，为居民提供了广泛的知识学习和文化交流的空间，促进了居民对知识和文化的广泛涵养和学习。

文化设施的存在和发展，丰富了城市的文化品质和文化内涵。这些文化设施的建设和完善，不仅提升了城市的文化软实力和文化硬实力，也丰富了城市的文化特色和文化魅力。文化广场、博物馆、艺术中心和图书馆的存在，丰富了城市的文化活动和文化交流，增加了居民的文化参与度和文化融合度，提升了城市的文化氛围和文化品位。这些文化设施的建设和完善，也为城市文化产业的发展提供了重要支撑和动力，促进了城市文化产业的繁荣和发展，提升了城市的文化软实力和文化竞争力。这些文化设施的建设和完善，不仅满足了居民的文化需求，也促进了城市文化的全面发展和提升。

总而言之，文化设施在城市规划中的合理设置和布局，对城市文化素质的提升具有重要意义。它丰富了城市居民的文化生活，提升了城市的文化品质和文化内涵，促进了城市居民的文化素养和艺术修养的提升。同时，它也丰富了城市的文化产业和文化经济，提升了城市的文化软实力和文化竞争力，为城市的可持续发展和文化创新提供了重要支撑和保障。

2. 公共文化空间促进社会文化交流和互动

公共文化空间的开放与共享为城市居民提供了平等的文化参与和交流平台。公园作为城市公共休闲空间的重要组成部分，为居民提供了丰富多彩的自然景观和休闲娱乐场所。公园内的文化活动和社交活动，为居民提供了开放自由的文化参与和交流平台，促进了居民之间的社交互动和情感交流，丰富了城市居民的文化生活和社会文化交流。广场作为城市公共交通枢纽和人流集散地，承载着丰富多样的文化活动和社交活动。广场内的文化展示和社交互动，为居民提供了开放自由的文化体验和社会交流平台，促进了居民之间的文化交流和社会互动，丰富了城市的文化氛围和社会文化生活。文化街区作为城市文化交流和艺术展示的重要场所，为居民提供了丰富多样的文化体验和社会交流空间。文化街区内的文化活动和艺术展示，为居民提供了开放自由的文化参与和交流平台，促进了居民之间的文化交流和社会互动，丰富了城市的文化氛围和社会文化生活。

公共文化空间的规划与建设丰富了城市的文化氛围和社会文化生活。这些公共文化空间的建设和完善，不仅丰富了城市居民的文化体验和社会交流，也提升了城市的文化品质和文化魅力。公园内的文化活动和社交活动，丰富了居民的休闲娱乐和文化交流，提升了公共空间的文化氛围和社会交往效果。广场内的文化展示和社交互动，丰富了居民的公共活动和社会交往，提升了公共空间的文化魅力和社会互动效果。文化街区内的文化活动和艺术展示，丰富了居民的艺术体验和文化交流，提升了公共空间的文化品质和社会文化效果。这些公共文化空间的规划与建设，丰富了城市的文化氛围和社会文化生活，为城市的文化发展和社会文化交流提供了重要支撑和保障。

公共文化空间的开放与共享促进了不同社会群体之间的文化交流和社会互动。这些公共文化空间的规划与建设，不仅为居民提供了开放自由的文化参与和交流平台，也促进了不同社会群体之间的文化交流和社会互动。公园内的文化活动和社交活动，促进了不同年龄层次和社会群体之间的休闲娱乐和文化交流，丰富了城市社会文化生活。广场内的文化展示和社交互动，促进了不同文化背景和社会身份的居民之间的文化交流和社会互动，丰富了城市社会文化生活的包容性和多元性。文化街区内的文化活动和艺术展示，促进了不同艺术爱好和文化兴趣的居民之间的文化交流和社会互动，丰富了城市社会文化生活。这些公共文化空间的开放与共享，促进了不同社会群体之间的文化交流和社会互动，丰富了城市的文化氛围和社会文化生活。

公共文化空间的开放与共享提升了城市的文化影响力和社会文化吸引力。这些公共文化空间的规划与建设，不仅为居民提供了开放自由的文化参与和交流平台，也提升了城市的文化品质和社会文化吸引力。公园内的文化活动和社交活动，提升了城市的休闲娱乐和文化交流吸引力，增加了公共空间的文化影响力和社会文化吸引力。广场内的文化展示和社交互动，提升了城市的公共活动和社会交往吸引力，增强了公共空间的文化魅力和社会互动吸引力。文化街区内的文化活动和艺术展示，提升了城市的艺术体验和文化交流吸引力，提高了公共空间的文化品质和社会文化效果。这些公共文化空间的开放与共享，提升了城市的文化影响力和社会文化吸引力，为城市的文化发展和社会文化交流提供了重要支撑和保障。

3. 文化设施对城市文化产业和旅游业的促进效应

文化设施的建设和完善促进了城市文化产业的发展和繁荣。文化设施作为城市文化产业的重要组成部分，通过文化艺术展览、文化演艺表演、文化创意产品等形式，丰富了城市文化产业的内涵和外延，推动了文化产业的创新发展和多元融合。文化设施的存在不仅激活了城市的文化创意活力和艺术创作潜能，也促进了文化产业的多元化发展和综合实力提升。文化设施通过丰富多彩的文化艺术展示和文化活动交流，为城市的文化产业发展提供了重要支撑和保障，提升了城市的文化影响力和文化品牌形象。

文化空间的开发和利用促进了城市旅游业的发展和繁荣。文化空间作为城市旅游业的重要资源和载体，通过丰富多彩的文化景观和文化活动，丰富了城市旅游业的内涵和外延，推动了旅游业的创新发展和多元融合。文化空间的开发不仅激活了城市的旅游文化资源和旅游文化魅力，也促进了旅游业的多元化发展和综合实力提升。文化空间通过丰富多样的文化体验和旅游服务，为城市的旅游业发展提供了重要支撑和保障，提升了城市的旅游吸引力和旅游品牌形象。

文化产业和旅游业的发展促进了城市经济的繁荣和社会的稳定。文化产业和旅游业作为城市经济的重要支柱产业，通过丰富多样的文化产品和旅游服务，带动了城市经济的增长和繁荣。文化产业和旅游业的发展不仅创造了大量的就业机会和经济效益，也促进了城市居民的文化素质提升和生活品质改善。文化产业和旅游业通过不断创新发展和综合升级，为城市的经济发展和社会进步提供了重要动力和支撑，促进了城市经济的繁荣和社会的稳定。

文化产业和旅游业的发展对城市文化交流和文化融合起到了重要促进作用。文化产业和旅游业作为城市文化交流和文化融合的重要桥梁和纽带，通过丰富多彩的文化艺术交流和旅游文化体验，促进了不同地域文化和民族文化之间的交流和融合。文化产业和旅游业的发展不仅丰富了城市的文化内涵和文化魅力，也促进了城市文化的多元发展和综合融合。文化产业和旅游业通过不断创新发展和综合提升，为城市的文化交流和文化融合提供了重要动力和支撑，促进了城市文化的繁荣和多元发展。

第二节　城市规划与社会平等、包容性的关系

一、城市规划对社会平等的影响

（一）城市规划中的公共服务设施布局与社会平等

城市规划中的公共服务设施布局直接影响到不同社会群体的公共服务资源获取和利用。针对弱势群体，合理规划和布局公共服务设施，如医疗卫生服务、教育资源、社会福利设施等，能够提高其获取公共服务的便捷性和平等性。例如，在城市规划中合理规划医疗卫生机构，提高社区医疗卫生服务的覆盖范围和质量，可以有效改善弱势群体的健康保障水平。同时，在城市规划中合理规划教育资源，提高教育机会的平等性和可及性，可以有效提升弱势群体的教育水平和社会竞争力。

1. 医疗卫生服务资源的合理分配

医疗卫生服务资源的合理分配是城市规划中关注弱势群体医疗需求的重要举措。城市中心和社区是人口密集的地区，针对弱势群体在这些地区合理设置医疗机构，可以让他们更加便捷地获取医疗服务。例如，在城市中心建设综合性医疗中心，提供高水平的医疗服务，可以满足弱势群体复杂疾病治疗的需求；而在社区设置基层医疗机构，提供基本的医疗服务和常见病、多发病的治疗，方便弱势群体就近就医。

医疗卫生服务资源布局应考虑城市不同区域的医疗服务需求。城市中不同地区的医疗需求有所不同，有些地区可能医疗资源短缺，而有些地区则资源相对充足。因此，根据城市各区域的人口密度、年龄结构、疾病类型等因素，合理规划医疗卫生服务资源的分布和布局，可以更好地满足不同区域居民的医疗需求，提高整体医疗服务水平和均等性。

医疗卫生服务资源的合理分配还需要考虑城市交通状况和交通便捷性。交通便利性对于弱势群体的医疗服务获取至关重要。合理设置医疗机构的位置，考虑到公共交通的便利性和交通网络的覆盖范围，可以减少弱势群体因交通不便而无法及时就医的问题，提高其医疗服务的平等性和及时性。

医疗卫生服务资源的合理分配也需要充分考虑社会医疗保障政策的落实。城市规划需要与社会医疗保障政策相结合，建立健全的医疗保障体系，为弱势群体提供更全面、更优质的医疗服务。医疗保障政策的支持，可以让更多弱势群体体会到城市医疗卫生服务资源的平等分配和公平利用。

2. 医疗服务设施的公平分配

医疗服务设施的公平分配需要考虑城市各区域的人口密集程度和医疗需求。针对人

口密集的区域，如城市中心和繁华地带，应合理规划建设综合性医疗服务机构，以满足该地区居民的多样化医疗需求；而对于人口较为分散的郊区和远郊区域，应充分考虑基层医疗服务机构的设置，以保障弱势群体基本医疗服务的获取。

医疗服务设施的公平分配需要充分考虑城市交通和交通便利性。交通状况对于弱势群体医疗服务的获取至关重要。在交通便利的地区设置医疗服务设施，或者与城市交通规划相结合，确保医疗服务设施的公平分配与交通便利性相协调，可以让更多的弱势群体受益于医疗服务设施的均等分配。

医疗服务设施的公平分配还需要充分考虑医疗资源的优质均衡配置。城市规划中，应注重医疗服务设施的功能配置和医疗资源的均衡分配，避免医疗资源的过度集中和空间分布的不均衡现象，以确保不同区域和社会群体都能够获得高质量的医疗服务，实现医疗服务设施的公平分配。

医疗服务设施的公平分配需要考虑社会医疗保障政策的支持与配合。城市规划应与医疗保障政策相结合，建立健全的医疗保障体系，为弱势群体提供更加全面和优质的医疗服务。医疗保障政策的支持，可以让更多的弱势群体受益于城市规划中医疗服务设施的公平分配与配置。

3. 医疗服务质量的统一提升

医疗服务质量的统一提升需要注重医疗设施的标准化建设和管理。城市规划中应建立医疗服务设施的统一标准和规范，包括医疗设备的统一采购标准、医疗服务的统一操作规范、医务人员的统一培训标准等，以确保医疗服务质量的统一提升能够落实到具体的医疗服务实践中。

医疗服务质量的统一提升需要注重医疗资源的整合共享。城市规划中应促进医疗资源的整合共享，例如建立医疗信息共享平台、实施跨机构合作共享机制等，以提高医疗资源的利用效率和服务质量，让弱势群体在不同医疗服务设施之间也能够享受到医疗服务质量的均等提升。

医疗服务质量的统一提升需要注重医疗服务的普惠性和普及性。城市规划中应注重提升基层医疗服务设施的服务能力和服务水平，让医疗服务质量的提升惠及更多的弱势群体，特别是分布在城市各个角落的边缘人群和弱势社会群体，让他们也能够享受到医疗服务质量的提升和医疗服务的平等性。

医疗服务质量的统一提升需要注重医疗服务的公开透明和监督管理。城市规划中应建立医疗服务质量的公开评估机制和监督管理机制，让医疗服务质量的提升过程更加透明公正，让弱势群体也能够通过监督和评估机制来保障自身医疗服务权益的合法性和平等性。

（二）城市规划中的住房保障政策与社会平等

1. 住房保障政策与社会平等

城市规划中的住房保障政策需要注重弱势群体的住房需求和居住环境的改善。合理规划和建设保障性住房，可以满足低收入家庭和特殊群体的基本居住需求，提供符合其经济能力的住房选择，保障其基本的居住权利。这种住房保障政策的落实不仅可以改善弱势群体的居住环境，提升其居住条件，还能促进社会平等的实现，缩小不同社会群体之间的居住差距。

2. 平衡住房供给与需求的城市规划

城市规划中的住房保障政策需要注重住房供给和需求的平衡。建立住房供应体系和住房市场调控机制，可以促进住房供给和需求的平衡，稳定住房价格，保障住房的稳定性和可负担性，为弱势群体提供可负担的住房选择，提高其居住的稳定性和幸福感。这种住房保障政策的实施有助于改善弱势群体的居住条件，提高其居住环境的品质，促进社会平等和社会和谐的实现。

3. 可持续城市规划中的住房保障政策

城市规划中的住房保障政策需要注重住房政策的可持续性和长效性。制定长期的住房保障政策和措施，建立健全的住房保障体系，可以保障弱势群体长期稳定的居住权利和居住保障，帮助他们融入城市生活，提升其社会地位和生活品质。这种住房保障政策的实施不仅可以改善弱势群体的居住条件，提高其居住保障的长期稳定性，还能促进社会平等和社会公平正义的全面实现。

二、城市规划对社会包容性的影响

（一）多元文化的共存与社会包容性

城市规划中的文化空间布局和公共文化设施建设能够促进城市内多元文化的共存与发展，提升社会的包容性和多元性。合理规划和布局文化空间，如文化交流中心、多功能展览馆、公共艺术区域等，可以为不同文化群体提供交流、展示和互动的平台，促进文化多元的融合和交流。

1. 文化空间布局与多元文化共存

在城市规划中，文化空间的合理布局是促进多元文化共存的重要手段之一。合理规划和布局文化交流中心，为不同文化群体提供交流、展示和互动的平台，可以有效促进不同文化之间的融合和交流。文化交流中心的建设不仅为各种文化形式提供了展示的空间，同时也为不同文化之间的互动搭建了桥梁。例如，举办不同民族文化的展览和活动，可以增进彼此的了解和认知，促进不同文化群体之间的交流和互动。这种多元文化共存的文化空间布局不仅丰富了城市的文化内涵，也增进了城市居民之间的交流和互动，提高了社会的包容性和文化的融合性。

2. 公共艺术区域建设与文化融合

公共艺术区域的规划与建设是另一种促进多元文化共存的重要举措。城市规划中公共艺术区域的建设，为不同文化群体提供展示和交流的平台，可以丰富城市的文化氛围和社会的文化内涵，促进了社会多元文化的共存和交流。公共艺术区域的开放性和包容性为各种文化形式的展现提供了场所，同时也为不同文化之间的交流搭建了桥梁。在公共艺术区域举办各类文化活动和艺术展览，可以提高城市居民对多元文化的认知和理解，促进不同文化之间的融合和互动。公共艺术区域的建设为城市增添了独特的文化氛围和人文景观，丰富了城市居民的文化生活，提升了城市的文化品质和文化影响力。

3. 文化活动平台建设与文化多元性

在城市规划中，为不同文化群体建设多样化的文化活动平台也是促进多元文化共存的关键措施。建设多功能展览馆、文化交流中心等多元化的文化活动平台，为不同文化形式提供展示和交流的空间，可以促进城市文化的多元性和多样性。这些文化活动平台的建设为不同文化群体提供了参与城市文化建设和交流的机会，丰富了城市居民的文化生活和娱乐选择。在这些多元化的文化活动平台举办各类文化交流活动和艺术展览，可以促进不同文化之间的交流和互动，增进彼此的了解和认知，推动城市社会的文化多元共存和发展。

（二）社会公共空间的开放与社会包容性

城市规划中的社会公共空间开放与共享，能够促进不同社会群体之间的交流和互动，提升城市的社会包容性和共生性。

1. 公共社交空间的开放与多元交流

在城市规划中，公共社交空间的开放与共享是促进社会多元交流和互动的关键环节。合理规划和布局公园、广场等公共社交空间，为不同社会群体提供开放自由的交流和互动场所，可以有效促进社会群体之间的沟通和理解。公园和广场作为城市社会公共空间的代表，为城市居民提供了休闲娱乐和社交互动的场所，丰富了城市的文化生活和社交活动。例如，通过规划建设多功能公园和广场，举办各类社会文化交流活动和公益性社交活动，可以促进不同社会群体之间的交流和互动，增进彼此的了解和信任。这种公共社交空间的开放和共享为城市带来了融洽和谐的氛围，促进了社会多元交流和社会群体的共生共存。

2. 步行街和社区活动中心的社会融合作用

城市规划中合理规划和布局步行街和社区活动中心，可以进一步促进城市社会的融合和共生。步行街作为城市公共社交空间的重要组成部分，为城市居民提供了开放自由的文化消费和社交活动场所，丰富了城市的社会文化生活和社会文化消费体验。社区活动中心作为社区居民开展社会活动和文化交流的重要场所，为社区居民提供了多元化的社会文化活动和交流平台，促进了社区居民之间的交流和互动。在步行街和社区活动中心举办各类社会文化活动和公益性社交活动，可以增进社区居民之间的了解和信任，提升社区的凝聚力和和谐性。这种步行街和社区活动中心的规划和建设为城市社区带来了文化多元交流和社会共生共存的美好景象，促进了社会的多元交流和社会的共融共生。

3. 公共社交空间的设计与社会和谐建设

在城市规划中，公共社交空间的设计是促进社会和谐建设的重要手段。合理设计公共社交空间的布局和功能，为不同社会群体提供开放自由的活动和交流场所，可以丰富城市的社会文化生活和社会群体的精神文化生活，促进社会的多元交流和社会的共生共存。公共社交空间的设计应当注重满足不同社会群体的需求和活动特点，为不同群体提供适宜的活动和交流场所，增进彼此的了解和信任，促进社会的和谐建设和社会的共融共生。城市规划中公共社交空间的合理设计，可以营造出开放包容、和谐共生的城市社会氛围，提升城市的社会文化品质和社会凝聚力。

第三节　征收对社区和居民的影响

一、征收对社区凝聚力的影响

征收可能导致社区关系的疏远和社会空心化现象，进而影响社区的凝聚力和社会和谐发展。征收往往意味着社区内部原有居住结构的变动和社会关系的重组，可能引发社区居民之间的矛盾和冲突，破坏社区内部的和谐氛围和稳定秩序。同时，征收可能导致原有社区居民的迁离和外来人口的拥入，导致社区居民之间关系的疏离和隔阂。这种对社区凝聚力的影响可能会加剧社区内部的矛盾和分裂，进一步导致社区的空心化和社会的不稳定。

（一）征收对社区凝聚力的影响机制

1. 征收对社区凝聚力的影响机制

首先，征收对社区凝聚力的影响机制涉及社区内部居住结构的变动。征收往往引发原有居民的迁离或者新居民的拥入，导致社区内部的居住结构发生变化。这种居住结构的变动可能打破原有社区居民之间的相对稳定关系，造成原有社区居民与新居民之间的疏离和隔阂。原有社区居民可能因为征收政策而失去原有的社交圈和生活空间，导致其在社区内部的地位和关系发生变化。

其次，征收可能引起社区居民的不满和抗议情绪。特别是在征收政策缺乏透明度和公正性的情况下，社区居民往往会感到政府决策的不合理和不公平，产生对政府的不信任和抵触情绪。这种不满情绪可能导致社区居民之间的矛盾和冲突加剧，进一步破坏社区的和谐氛围和稳定秩序。社区居民之间的信任和合作关系可能因为征收问题而受到破坏，导致社区凝聚力的下降和社区内部关系的紧张化。

再次，征收可能导致社区内部的社会关系重组。原有社区居民面临迁离或者与新居民的混居，可能导致社区居民之间的互动模式和社交圈发生变化。新老居民之间可能存在文化差异和社会认同的隔阂，影响社区居民之间的互动和交流。这种社会关系的重组可能导致社区居民之间的矛盾和冲突增加，加剧社区内部的不稳定因素和不和谐因素。

最后，征收对社区凝聚力的影响机制还涉及社区居民的生活方式和社会文化环境的改变。征收可能改变原有社区居民的生活环境和社交圈，导致其生活方式和社会文化环境发生变化。原有社区的文化氛围和社会风貌可能因为新居民的拥入而受到影响，导致社区居民之间的认同感和归属感下降。这种文化环境的改变可能加剧社区居民之间的疏离和隔阂，进一步影响社区凝聚力的发展和社区文化的传承。

2. 征收对社区凝聚力的影响因素

征收政策的公平性和合法性是影响社区凝聚力的重要因素之一。如果征收政策在执行过程中缺乏透明度和公正性，可能导致社区居民对政府决策的不信任和抵触情绪。特别是在征收过程中存在权力寻租和信息不对称的情况下，社区居民很容易产生对政府决策的质疑和反对情绪，进而影响社区居民之间的信任和合作关系。因此，建立公平合理的征收政策体系和制度机制，保障社区居民的知情权和参与权，对于维护社区凝聚力具有重要意义。

征收过程中的社会参与和民主决策也是影响社区凝聚力的关键因素。如果社区居民在征收决策中缺乏有效的参与渠道和话语权，很容易产生被动接受和不满情绪，导致社区凝聚力的下降和社区内部的不稳定性。特别是在征收政策制定和实施过程中，如果社区居民缺乏有效的参与机会和表达渠道，很容易引发社区居民的不满和抗议情绪，破坏社区居民之间的信任和合作关系。因此，建立有效的社会参与和民主决策机制，保障社区居民的参与权和表达权，对于增强社区凝聚力具有重要作用。

征收政策的社会公平和效益分配也是影响社区凝聚力的重要因素之一。如果征收政策导致社区居民利益受损和权益受损，容易引发社区居民之间的矛盾和冲突，影响社区凝聚力的维系和发展。特别是在征收过程中，如果政府部门缺乏对弱势群体的保护和关怀，很容易导致社区居民之间的不满和抗议情绪，进而破坏社区居民之间的信任和合作关系。因此，建立社会公平和效益均等的征收政策体系和制度机制，保障社区居民的合法权益和合理利益，对于增进社区凝聚力具有重要意义。

征收政策的社会承诺和责任担当也是影响社区凝聚力的关键因素。如果政府部门缺乏对征收政策的社会承诺和责任担当，容易导致社区居民对政府的不信任和抵触情绪，破坏社区居民之间的信任和合作关系。特别是在征收政策执行过程中，如果政府部门缺乏对社区居民权益的保护和维护，很容易引发社区居民的不满和抗议情绪，进而影响社区凝聚力的维系和发展。因此，建立健全的社会责任和义务制度，强化政府部门对社区居民的责任担当和义务履行，对于增强社区凝聚力具有重要作用。

（二）征收对社区凝聚力的影响机理

征收对社区凝聚力的影响机理涉及社区内部居民关系的疏远和社会空心化现象的加剧。征收往往导致原有社区居民的迁离和外来人口的拥入，导致社区居民之间关系的疏离和隔阂。原有社区居民面临生活环境的变动和生活条件的改变，可能产生对新居民的不满和不信任情绪，导致社区内部关系的疏远和隔阂。这种对社区凝聚力的影响机理可能会加剧社区内部的矛盾和冲突，进一步导致社区的空心化和社会的不稳定，影响社区居民的生活品质和幸福感。

1. 征收政策导致社区居民之间关系的疏远和隔阂

征收往往意味着原有社区居民的迁离和外来人口的拥入，原有社区居民面临生活环境的变动和生活条件的改变，容易产生对新居民的不满和不信任情绪。这种关系的疏远和隔阂可能导致社区居民之间的交往和互动减少，社区内部关系的疏离和隔阂加剧，进一步影响社区居民的生活品质和幸福感。因此，相关部门需要关注征收政策对社区居民关系的疏远和隔阂产生的影响机理，采取积极有效的措施加强社区居民之间的交流和沟通，促进社区关系的和谐发展和稳定秩序。

2. 征收政策引发社区内部的矛盾和冲突

在征收过程中，原有社区居民面临生活环境的变动和生活条件的改变，可能产生对政府决策的质疑和反对情绪，进而导致社区内部的矛盾和冲突加剧。特别是当征收政策执行不公平或者缺乏有效沟通时，很容易激发社区居民的不满和抗议情绪，导致社区内部矛盾的激化和冲突的升级。因此，相关部门需要重视征收政策对社区内部矛盾和冲突产生的影响机理，采取有效的沟通和协商机制，化解社区居民之间的矛盾和冲突，维护社区内部的和谐氛围和稳定秩序。

3. 征收政策可能导致社区居民的不满和抗议情绪

在征收过程中，如果征收政策缺乏透明度和公正性，容易引发社区居民的不满和抗议情绪，破坏社区居民之间的信任和合作关系。特别是在征收政策制定和实施过程中，如果社区居民缺乏有效的参与机会和表达渠道，很容易导致社区居民的不满和抗议情绪加剧，进而影响社区居民的生活品质和幸福感。因此，相关部门需要重视征收政策对社区居民不满和抗议情绪产生的影响机理，建立健全的社会参与和民主决策机制，保障社区居民的参与权和表达权，促进社区居民之间的合作与信任关系的建立和维护。

二、征收对居民生活质量的影响

征收对居民生活质量的影响是城市发展中需要关注的重要问题。征收可能导致居民的生活环境恶化和社会关系紧张等问题，对居民的正常生活和发展造成不利影响。征收过程中可能造成的噪声、污染和交通拥堵等问题会直接影响居民的生活环境质量，进而影响居民的身心健康和生活品质。同时，征收可能会引发居民之间的关系紧张和社会不稳定，进而影响居民的社会融合和幸福感。这种对居民生活质量的影响可能会对整个社区的稳定和可持续发展产生负面影响，需要引起决策者和社会各界的高度重视。

（一）征收可能造成居民生活环境的恶化

第一，征收可能导致噪声和污染问题的加剧。在征收过程中，可能会涉及大量的建筑拆除、土地整治等工程活动，引起施工噪声和粉尘污染等问题。这些不利因素可能对周边居民的正常生活和休息产生严重影响，影响居民的身心健康和居住环境质量。此外，征收项目可能引起土地利用变化和环境生态失衡，导致空气质量和水质问题的加剧，对居民的身体健康和生活品质造成不利影响。因此，需要采取有效的环境保护措施和噪声污染治理措施，降低征收对居民生活环境质量的不利影响，保障居民的身心健康和生活品质。

第二，征收可能引起交通拥堵和交通安全问题。在征收项目的实施过程中，可能会涉及道路封闭、交通管制等措施，导致周边交通拥堵和交通安全问题的加剧。这些交通问题可能给居民的出行和生活带来不便和风险，影响居民的生活质量和居住环境舒适度。此外，交通问题还可能导致社区居民之间的交往隔阂和社区内部的交通矛盾，影响社区的和谐稳定和居民的生活满意度。因此，相关部门需要合理规划交通组织和交通流动，加强交通安全管理和交通秩序维护，保障居民的出行便利和交通安全。

第三，征收可能导致公共设施供给不足的问题。在征收过程中，可能会造成原有的公共设施资源被迁移或者削减，导致周边居民面临公共设施供给不足的问题。例如，可能会出现公园、学校、医疗机构等公共设施资源不足的情况，影响居民的生活便利和社区的文化氛围。这种公共设施资源不足可能会加重居民的生活压力和生活负担，降低居民的生活品质和幸福感。因此，相关部门需要合理规划公共设施布局和供给，保障居民的公共服务需求和社区的文化生活需求。

（二）征收可能引发居民社会关系的紧张和不稳定

第一，征收可能引发居民之间的不满和抗议情绪。在征收过程中，如果征收政策执行不公平或者缺乏透明度，容易导致居民对政府的不信任和抵触情绪。居民可能对征收决策的合理性和公正性产生怀疑，进而对政府的决策进行抗议和维权。这种抗议情绪可能引发社区内部的矛盾和冲突，影响居民之间的和谐相处和社区的稳定秩序。因此，相关部门需要建立健全的征收政策执行机制和公平公正的决策程序，保障居民的合法权益和参与权利。

第二，征收可能造成居民之间的关系紧张和隔阂。在征收过程中，居民面临住房迁移和生活改变等问题，这可能导致居民之间关系的紧张和疏离。原有社区居民可能面临新居民的拥入和社区结构的变动，造成居民之间的交往障碍和情感疏离。这种关系紧张和隔阂可能加剧社区内部的矛盾和冲突，进一步破坏社区的和谐氛围和稳定秩序。因此，相关部门需要加强居民之间的沟通和交流，促进社区居民之间的理解与支持，建立和谐稳定的社区关系网络。

第三，征收可能导致社区内部的矛盾和分裂。在征收过程中，如果征收政策执行不符合社区利益和居民期待，容易引发社区内部的矛盾和分裂现象。社区居民可能因为征收政策对自身利益产生的不利影响而产生不满和抗议情绪，进而形成社区内部的不同利益集团和社区分裂现象。这种社区内部的矛盾和分裂可能加剧社区的不稳定和社会的不和谐，影响社区居民的生活品质和社会融合程度。因此，相关部门需要加强社区内部的冲突调解和社区治理机制建设，促进社区内部的共识与协调，维护社区的稳定和谐。

（三）征收可能导致居民生活稳定性的下降

首先，征收可能导致居民的居住环境质量下降。在征收过程中，居民可能面临居住环境的变动和生活条件的改变，新的居住环境可能无法满足居民的基本生活需求和生活习惯，导致居民的生活质量下降。例如，征收可能导致居民面临新的居住区域噪声、污染和交通不便等问题，影响居民的居住舒适度和居住环境质量。这种居住环境质量的下降可能会增加居民的生活压力和负担，降低居民的生活满意度和幸福感。

其次，征收可能引发居民生活成本的增加。在征收过程中，居民可能面临房屋迁移和居住费用增加等问题，导致居民生活成本的上升和经济负担的增加。特别是当征收导致居民需花费更多的成本来适应新的居住环境和生活条件时，会加重居民的经济压力和生活负担，影响居民的生活稳定性和幸福感。这种生活成本的增加可能会导致居民生活水平的下降，减少居民对城市发展的认同感和归属感。

再次，征收可能造成居民社会融合度的下降。在征收过程中，居民可能面临原有社交网络的破裂和社区关系的变动，导致居民社会融合度的下降和社会支持网络的弱化。特别是当征收导致居民与原有社区关系的断裂和社会交往减少时，会降低居民的社会支持感和社会认同感，增加居民对城市发展的不确定性和焦虑感。这种社会融合度的下降可能会影响居民对社区的信任度和对社会的归属感，增加社会的不稳定性和不和谐性。

最后，需要采取综合措施，包括加强征收政策的社会影响评估，提高居民参与征收决策的机会，加强对居民的情绪疏导和社会关系调节，保障居民的合法权益和生活品质，提升社区内部的共识与协调水平，维护社区的稳定和谐。

三、征收对社区和居民的综合影响评价

针对征收对社区和居民的影响，需要进行综合评价和分析，全面掌握征收对社区和居民的影响机制和影响程度，提出针对性的对策和建议。在征收过程中，相关部门需要

充分尊重社区居民的利益诉求，充分征求社区居民的意见和建议，确保征收过程的公正公平和社区居民的合理权益得到保障。

（一）综合评价征收对社区的影响

1. 社区凝聚力的影响评价

征收对社区凝聚力的影响评价需要从社区内部居住结构和社会关系的重构、居民情绪和社会参与度等方面进行综合考量。征收可能引起社区居民之间的关系紧张和社会空心化现象，降低社区的凝聚力和社会和谐发展。评价中相关部门应关注征收政策对社区内部居民之间关系的影响程度和变化趋势，以及征收政策执行过程中居民参与度和社区治理机制的有效性。同时，相关部门需要关注征收对社区凝聚力的长期影响，分析可能导致社区空心化和社会不稳定的深层原因，为提升社区凝聚力和社会和谐发展提出可行性建议和措施。

2. 社区生态环境的影响评价

征收对社区生态环境的影响评价需要综合考虑征收项目对周边自然环境和生态系统的影响程度和影响范围。征收可能导致原有生态环境受到破坏和生态系统受到干扰，对社区居民的生态福祉和生态安全造成不利影响。评价中相关部门应关注征收项目对土地利用和生态功能的影响程度和生态补偿措施的有效性，分析可能引起的生态风险和生态环境质量的变化趋势，为保护社区生态环境和生态系统提供科学依据和决策支持。

3. 社区发展前景的影响评价

征收对社区发展前景的影响评价需要综合考虑征收项目对社区经济发展和社会文化建设的影响程度和影响范围。征收可能导致原有社区经济活力减弱和社会文化资源流失，对社区发展的可持续性和发展前景造成不利影响。评价中相关部门应关注征收对社区产业结构和社区文化活力的影响程度和变化趋势，分析可能引起的经济风险和社会文化资源流失的深层原因，为促进社区经济发展和社会文化建设提供科学依据和决策支持。

（二）综合评价征收对居民的影响

1. 居民生活品质的影响评价

征收对居民生活品质的影响评价需要综合考虑征收对居住环境质量和生活条件的影响程度和影响范围。征收可能导致居民的生活环境恶化和生活成本增加，对居民的身心健康和生活满意度造成不利影响。评价中相关部门应关注征收对居民生活环境质量和居住舒适度的影响程度和变化趋势，分析可能引起的生活压力和生活负担增加的深层原因，为提高居民生活品质和生活幸福感提供可行性建议和措施。

2. 居民社会融合度的影响评价

征收对居民社会融合度的影响评价需要综合考虑征收对居民社交网络和社会支持网络的影响程度和影响范围。征收可能导致居民原有社会关系的破裂和社会交往的减少，对居民社会融合度和社会认同感造成不利影响。评价中相关部门应关注征收对居民社交网络和社会支持感的影响程度和变化趋势，分析可能引起的社会支持网络弱化和社会认同感降低的深层原因，为提升居民社会融合度和社会和谐发展提供科学依据和决策支持。

3. 居民社会参与度的影响评价

征收对居民社会参与度的影响评价需要综合考虑征收对居民参与社区治理和公共事务决策的影响程度和影响范围。征收可能导致居民对社区治理和公共事务决策的参与意愿减弱和参与能力下降，对居民的社会参与度和社会责任感造成不利影响。评价中相关部门应关注征收对居民参与社区治理和公共事务决策的影响程度和变化趋势，分析可能引起的社会参与意愿下降和社会责任感减弱的深层原因，为提高居民社会参与度和社会责任感提供可行性建议和措施。

第四节　社会影响评价在城市规划中的应用

社会影响评价在城市规划中具有重要的应用价值。相关部门可以采用定量和定性相结合的方法，包括问卷调查、实地观察、社会访谈等方式进行数据收集，全面评估城市规划对社会的影响。实践案例可以涉及城市规划项目的实施过程中，对社会影响评价的具体操作和成果，探讨社会影响评价在城市规划中的实际应用效果。

一、社会影响评价的方法与工具

在城市规划中，社会影响评价采用多种方法与工具，以全面了解城市规划对社会的影响。

（一）定量研究方法

定量研究方法在社会影响评价中具有重要意义。问卷调查是常用的数据收集方式，通过设计科学合理的问卷，可以获取社区居民的态度、意见和需求等信息，从而全面了解城市规划对社会的具体影响。统计分析则可以对收集到的数据进行科学处理和分析，通过数据量化和统计模型建立，量化地评估城市规划对社会的影响程度，为规划决策提供科学依据。

1. 问卷调查

问卷调查是社会影响评价中常用的定量研究方法之一。通过设计科学合理的问卷，可以收集到社区居民对于城市规划的态度、意见、需求及期望等信息。问卷调查通常包括开放式和封闭式问题，能够全面了解社区居民对城市规划的认知程度、满意度和期待，帮助评估城市规划对社会的具体影响。此外，问卷调查还可以借助统计学方法对数据进行分析和解读，为城市规划提供定量化的评价指标和依据。

2. 统计分析

统计分析是定量研究方法中重要的数据处理和分析手段。在社会影响评价中，对问卷调查收集到的数据进行科学处理和分析，可以得出具体的统计结果和数据指标。统计分析可以利用各种统计方法和模型建立，量化评估城市规划对社会的影响程度。例如，可以运用描述性统计分析、回归分析及相关性分析等方法，揭示城市规划对社区居民生活质量、社会关系和幸福感等方面的影响程度，为城市规划决策提供科学依据和决策支持。

（二）定性研究方法

定性研究方法在社会影响评价中也具有重要作用。实地观察是直接了解社会现象和社会影响的有效方式，通过实地深入观察，可以全面掌握城市规划对社区居民生活和社会关系的实际影响情况。社会访谈则可以深入了解居民的真实感受和意见，探寻居民对城市规划的期待和关切，揭示城市规划对社会的潜在影响机制，为规划决策提供重要参考依据。

1. 实地观察

实地观察是社会影响评价中常用的定性研究方法之一。通过对社区实际情况的深入观察，可以全面了解城市规划对社区居民生活和社会关系的直接影响。实地观察可以包括对社区建筑、交通状况、公共设施利用情况及社区环境卫生等方面的观察和记录，帮助评估城市规划对社区居民日常生活和社会互动的影响。同时，实地观察也能够揭示城市规划对社区社会空间利用、社会交往和社区活力等方面的影响机制，为规划决策提供翔实可靠的实证依据。

2. 社会访谈

社会访谈是另一种重要的定性研究方法，在社会影响评价中具有重要作用。与社区居民进行面对面的深入访谈，可以深入了解居民的真实感受、意见和期待，探寻居民对城市规划的关注焦点和诉求。社会访谈可以采用半结构化或非结构化的方式进行，允许居民表达自己的观点和意见，揭示城市规划对居民生活方式、社区归属感和社会互动的影响。社会访谈可以深入挖掘城市规划对社会的潜在影响机制，为规划决策提供针对性的改进建议和决策支持。

（三）专家评估和案例分析

1. 专家评估在城市规划社会影响评价中扮演着至关重要的角色。邀请城市规划、社会学、环境科学等相关领域的专家，可以综合利用他们的专业知识和经验，对城市规划方案的社会影响进行深入评估和分析。专家评估可以从多个维度对城市规划的社会影响进行全面评价，包括社会公平性、社区稳定性、居民生活品质等方面，帮助发现规划中存在的潜在问题和可能引发的社会影响。专家评估还可以提出科学合理的改进建议和优化方案，为城市规划的可持续发展和社会和谐稳定提供决策支持和指导。

2. 案例分析在城市规划社会影响评价中具有重要意义。对已有城市规划项目的案例分析，可以总结规划实施过程中的经验教训，探索城市规划对社会的实际影响机制和影响效果。案例分析可以涵盖不同类型的城市规划项目，包括居住区规划、商业区规划、交通枢纽规划等，帮助揭示城市规划对社会关系、社区凝聚力、居民生活质量等方面的影响程度和影响机制。深入分析不同案例中的社会影响评价结果，可以总结出适用于不同城市规划项目的通用经验和规律，为未来规划决策提供可靠的借鉴和参考。

二、社会影响评价在城市规划中的应用

（一）社会影响评价在城市规划中的重要作用

社会影响评价在城市规划中的应用有助于评估城市规划对社会各方面的影响。通过系统的数据收集和分析，可以全面评估城市规划对居民生活质量、社会关系和社会公平性等方面的影响程度。量化和分析这些影响，可以为城市规划决策提供科学依据和决策支持，确保城市规划的实施符合社会的整体利益和发展需求。

1. 社会影响评价的重要性

社会影响评价在城市规划中具有不可忽视的重要作用。

它提供了一种全面的视角，用以评估城市规划对社会各方面的影响。这包括城市居民的生活质量、社会关系的稳定性及社会公平性等多个方面。通过社会影响评价，可以充分了解城市规划对社会的具体影响程度，为规划决策提供科学的数据支持和决策依据。

社会影响评价的量化分析能够帮助规划者更好地了解城市规划对社会整体利益和发展需求的影响，从而确保城市规划的实施不会损害社会的整体利益和发展需求，进而促进城市的可持续发展和社会的和谐稳定。综上所述，社会影响评价在城市规划中的重要作用不可低估。

2. 数据收集和分析的重要性

数据收集是社会影响评价的基础。通过系统的数据收集，可以获取城市规划项目实施前后的各项指标数据，包括居民生活水平、社区服务设施、交通状况等方面的数据信息。这些数据对于评估城市规划对居民生活质量的影响至关重要。定量数据的收集涉及各类统计指标和数据样本的获取，需要严谨的数据管理和采集方法，确保数据的准确性和全面性。这些数据为后续的分析提供了重要的基础和支持。

数据分析是评价城市规划影响的关键步骤。通过对收集到的数据进行科学分析，可以量化和评估城市规划对居民生活质量、社会关系和社会公平性等方面的影响程度。定量数据分析可以采用统计学方法和模型分析，帮助规划者深入了解城市规划对不同社会

群体的影响差异，发现潜在的社会问题和风险因素，为规划决策提供科学依据和决策支持。同时，定量数据分析还可以帮助规划者对城市规划项目的实施效果进行定量评估，及时发现问题并采取针对性措施进行调整和优化。

数据收集和分析的结果对于城市规划决策具有重要意义。对城市规划影响数据的全面分析和评估，可以为规划决策者提供全面的参考依据和决策支持，帮助其更加准确地把握城市规划对社会的影响效果，制定出科学合理的规划政策和措施。定量数据的分析结果可以为规划者提供清晰的数据支持，帮助其更好地了解城市规划的实际影响效果，并从中总结经验和教训，为未来的规划决策提供借鉴和参考。

数据收集和分析过程中需要注重数据的可靠性和科学性。规划者应严格遵循科学的数据采集和分析方法，确保数据来源可靠、样本代表性强，避免数据收集过程中的误差和偏差。同时，应该结合实际情况和社会背景，科学合理地制定数据分析的方法和评估指标，确保数据分析结果的科学性和准确性，为城市规划的决策提供可靠的数据支持和科学的决策依据。

3. 决策支持和发展需求的保障

社会影响评价可以量化和分析城市规划对社会的各方面影响，为规划者提供了详尽的数据支持，使其能够更加全面地了解城市规划对社会的整体利益产生的影响。这有助于规划者更准确地评估城市规划对社会发展需求的影响程度，避免规划对社会带来不利影响。

社会影响评价也有助于规划者更加全面地评估城市规划对社会公平性的影响。在评估过程中，可以针对不同社会群体的利益和需求进行分析，评估规划对不同群体的影响程度，从而确保城市规划的实施能够兼顾不同群体的权益，保障社会公正和权益保护。

社会影响评价在城市规划中的应用还能够帮助规划者更加准确地评估城市规划对社会稳定性的影响。通过评估城市规划对社会稳定的影响程度，规划者可以更好地预测可能出现的社会矛盾和问题，采取相应的措施加以化解，促进城市社会的和谐稳定。

社会影响评价在城市规划中的应用对于促进城市的可持续发展和社会的和谐稳定具有重要意义。它不仅为规划决策提供了科学依据和决策支持，还可以确保城市规划的实施符合社会的整体利益和发展需求，实现城市的良性发展和社会资源的合理配置。

（二）社会影响评价对弱势群体的保护

社会影响评价能够揭示城市规划对弱势群体的影响程度。在城市规划项目中，往往存在着不同社会群体的利益冲突和权益保护问题。深入评估城市规划对弱势群体的影响，可以制定针对性的政策和措施，保障社会的公正和权益保护，促进社会的公平正义和和谐稳定。

1. 社会影响评价的弱势群体保护

社会影响评价在城市规划中对弱势群体的保护具有重要意义。首先，深入评估城市规划对弱势群体的影响程度，可以揭示规划对弱势群体的潜在影响，包括可能带来的利益损失和生活质量下降等方面。其次，社会影响评价能够为规划决策者提供重要参考依据，制定针对性的政策和措施，保障弱势群体的权益和利益不受损害。规划过程中的社会影响评价，可以确保规划项目的实施不会对弱势群体造成不必要的伤害和损失，促进社会的公平正义和和谐稳定。

2. 政策与措施的制定

社会影响评价为城市规划项目提供了制定针对性政策和措施的重要依据。基于对弱势群体影响的深入评估，规划决策者可以针对性地制定相关政策，包括合理的补偿机制、社会救助计划及弱势群体参与决策的渠道等，以保障弱势群体的基本权益和生活需求。此外，社会影响评价也有助于规划决策者更好地了解弱势群体的真实需求和诉求，促进社会资源的合理配置和利益分配，提高弱势群体的生活品质和幸福感。

3. 公平正义与和谐稳定的促进

社会影响评价对城市规划中的公平正义和和谐稳定具有重要促进作用。保障弱势群体的权益和利益，可以促进社会的公平正义和权利保障，减少社会中的利益冲突和不公平现象。同时，合理的政策措施有助于提升社会的和谐稳定，促进社会群体之间的互助与共融，建立和谐、包容的社会环境。因此，社会影响评价在城市规划中的弱势群体保护方面发挥着重要作用。

第六章　可持续发展与环境影响

第一节　可持续城市规划的原则和实践

在城市规划中贯彻可持续发展理念是确保城市未来发展的关键。这需要综合考虑环境、社会和经济三方面因素，促进城市的整体可持续发展。

一、促进生态系统的保护和修复

（一）城市绿地规划与生态系统稳定性

城市绿地规划作为促进生态系统保护和修复的重要手段，在城市规划中扮演着不可或缺的角色。有效的城市绿地规划不仅能够改善城市环境质量，还能促进生态系统的稳定性和多样性。

1. 科学合理的城市绿地布局与环境质量改善

科学合理的城市绿地布局是改善城市环境质量的关键措施之一。合理规划城市内的公园、绿化带、社区花园等绿地，可以有效提高城市绿地覆盖率，增加植被面积，吸收空气中的有害物质，减少空气污染。绿地不仅能够吸收二氧化碳，释放氧气，还能吸附空气中的微尘颗粒和有害气体，改善空气质量，保障居民的健康。此外，城市绿地还能够提供休闲娱乐场所，为居民提供健康、舒适的休闲环境，促进身心健康，提升居民生活质量。

2. 缓解城市热岛效应与调节城市气候

城市绿地规划能够有效缓解城市热岛效应，降低城市气温，改善城市的热环境。大面积绿化，尤其是在城市密集区域和工业区域增加绿地覆盖率，可以有效降低地表温度，减少热量的吸收和蓄积，从而减缓城市的热岛效应。同时，绿地的蒸腾作用可以释放大量水蒸气，降低周围空气的温度，为城市创造凉爽的微气候环境。在城市规划中，合理布局绿地和水体，尤其是湖泊、河流等水域，能够进一步调节城市的气候，降低夏季的气温，改善城市生态环境，提升城市的宜居性。

3. 湿地和自然保护区的合理规划与生态系统保护

合理规划湿地和自然保护区是维护生态平衡和生态系统稳定的重要举措。湿地是生态系统中重要的一部分，能够调节水文循环，净化水质，保护生物多样性。在城市规划中，应合理划定湿地保护范围，严格控制建设活动对湿地的破坏，保护湿地生态系统的完整性和稳定性。同时，自然保护区的合理规划和管理也至关重要，能够有效保护珍稀濒危物种的栖息地，维护生态系统的稳定和可持续发展。保护湿地和自然保护区，可以保护生物多样性，维护生态系统的稳定性，为城市生态环境的可持续发展提供有力保障。

（二）生态修复技术与城市生态系统功能提升

生态修复技术的应用对于城市生态系统的保护和修复具有重要意义。在城市化进程中，生态系统受到了破坏和威胁，生态修复技术能够有效地修复受损生态系统，提升其生态功能和稳定性。特别是针对湿地的修复，通过恢复湿地的自然水文环境和植被组成，能够有效改善水质，调节洪水，净化环境，提供重要的生态系统服务功能。

1. 湿地生态修复与水环境改善

湿地生态修复是城市生态系统功能提升中的重要一环。随着城市化进程的加快，许多湿地遭到了破坏，生态系统受到了严重威胁。湿地生态修复技术的应用，可以有效恢复受损湿地的自然水文环境和植被组成，重建湿地生态系统的自净能力。湿地不仅能够净化水质，还能够调节洪水，提供重要的生态系统服务功能，如水资源调节、水质净化和生物多样性保护。因此，在城市规划中，相关部门应重视湿地生态修复工作，注重湿地的保护与恢复，为城市生态系统的稳定和可持续发展提供坚实保障。

2. 植被恢复与空气质量改善

城市绿化是促进城市生态系统功能提升的重要手段之一。植被的种植和保护，可以有效改善城市空气质量，吸收有害气体和颗粒物，减少空气污染对居民健康的影响。植被能够吸收二氧化碳，释放氧气，降低空气中的有害气体浓度，改善空气质量，为城市居民提供清新的空气环境。此外，植被还能够调节城市气候，降低气温，缓解城市的热岛效应，提高城市的宜居性。因此，在城市规划中，相关部门应注重植被的恢复和保护，加强城市绿化工作，提升城市生态系统的稳定性和功能。

3. 生态修复技术创新与城市可持续发展

随着科技的不断进步，生态修复技术也在不断创新与发展。新型的生态修复技术，如生物修复技术、植物修复技术、土壤修复技术等，能够更有效地修复受损生态系统，提升其生态功能和稳定性。通过开展生态修复技术研究与应用，可以加快城市生态系统的恢复进程，促进城市生态环境的保护与改善，实现城市可持续发展的目标。因此，在城市规划和管理中，相关部门应注重生态修复技术的创新与应用，促进生态环境的恢复与保护，实现城市生态系统功能的持续提升。

二、优化交通规划

（一）公共交通系统建设与可持续出行

优化交通规划需要着力加强公共交通系统建设，并提升非机动车出行环境。建设高效便捷的公共交通网络是鼓励居民选择可持续出行方式的关键举措。

1. 建设高效便捷的公共交通网络

在优化城市交通规划中，建设高效便捷的公共交通网络是促进可持续出行的重要举措之一。完善的地铁、轻轨和公交系统能够提高城市公共交通的覆盖率和服务质量，为居民提供便捷高效的出行选择。在城市规划中，相关部门需要合理规划公共交通线路的布局，将公共交通站点与主要居住区、商业区和工业区相连接，以满足居民多样化的出行需求。此外，设置便捷的换乘设施，如地铁站与公交站的衔接、公交站与自行车租赁点的连接等，能够提升居民乘坐公共交通的便利性和舒适度，鼓励更多人选择环保、便捷的公共交通出行方式。

2. 有效解决城市交通拥堵问题

城市交通拥堵问题是影响城市可持续发展的重要因素之一。加强公共交通系统建设是缓解城市交通拥堵的关键措施之一。公共交通系统的完善可以引导居民减少对私人汽车的依赖，转而选择公共交通出行，从而有效减少单车通行量，减缓道路交通压力，降低交通碳排放。此外，科学合理的公交线路规划和调度管理，能够提高公交运输效率，缩短乘车等待时间，提升居民出行的便利性和满意度，促进城市交通运行的顺畅和高效。

3. 改善非机动车出行环境

除了加强公共交通系统建设外，改善非机动车出行环境也是推动可持续出行方式的重要手段之一。建设安全舒适的自行车专用道、设置骑行停车设施等措施，可以有效促进居民选择环保健康的非机动车出行方式，减少对环境的污染。此外，鼓励居民步行和骑行出行不仅能够改善居民的健康状况，还能够减少城市交通拥堵，提高城市交通运行效率，改善居民的出行体验和生活质量。合理规划和管理非机动车出行环境，可以建设更加绿色、便利的城市交通系统，实现城市可持续发展的目标。

（二）低碳交通政策与城市空气质量改善

1. 制定并执行低碳交通政策

制定并执行低碳交通政策是优化城市交通规划的重要策略之一。针对城市交通中的碳排放问题，政府可以采取一系列政策措施，如限制汽车通行、实行尾气排放标准、提高燃油税收等措施，以有效降低城市交通的碳排放量。此外，推广新能源汽车的应用也是促进城市交通向低碳环保方向转变的重要途径。政府可以通过提供补贴、建设充电桩基础设施、推动新能源汽车技术创新等手段，鼓励居民购买和使用新能源汽车，减少传统燃油汽车的使用，降低碳排放，改善城市空气质量。此外，建设智能交通系统也是推进低碳交通的重要举措之一。建设智能交通系统，可以优化交通信号控制，提高交通运行效率，减少交通拥堵，降低汽车行驶排放量，改善城市交通环境，提升城市居民的出行体验和生活品质。

2. 鼓励步行和骑行出行

除了制定低碳交通政策外，鼓励步行和骑行出行也是减少城市交通碳排放的重要策略之一。建设安全便捷的人行步道和骑行道路，为居民提供舒适便利的步行和骑行环境，可以有效减少短途出行中对机动车的依赖，降低城市交通拥堵问题，改善城市空气质量。此外，建立步行街区和骑行专用区域，限制机动车的通行，能够提升居民的步行和骑行体验，促进居民选择更加环保和健康的出行方式，减少对环境的污染，改善城市居民的生活质量和健康状况。鼓励步行和骑行出行，可以建设更加环保、健康的城市交通系统，为城市可持续发展提供坚实支撑。

三、社会公平与包容

（一）公共服务设施均等分布与社会公平

城市规划中的社会公平与包容考虑了公共服务设施的均等分布和社会资源的公平利用。在规划和布局公共服务设施时，需要考虑到不同社区的居民特点和需求，通过合理的空间布局和设施分布，确保不同社区的居民都能够方便地获得高质量的公共服务。

1. 医疗机构规划与服务覆盖

在城市规划中，医疗机构的合理规划和布局是保障社会公平的重要方面之一。科学规划医院、诊所的分布，可以使医疗资源能够覆盖城市各个区域，包括城市中心和远郊地区，以便居民能够及时获得高质量的医疗服务。在规划过程中，需要考虑到人口密集区和人口稀少区的医疗需求差异，合理配置医疗资源，确保医疗机构的分布符合居民的就医需求。此外，相关部门应注重提升基层医疗机构的服务水平和能力，加强对基层医疗机构的支持和培训，提高基层医疗服务的质量和覆盖范围，为社区居民提供更加便捷和高效的医疗服务，促进社会公平和健康发展。

2. 教育机构规划与资源均衡

教育机构的合理规划和布局是促进社会公平的重要保障措施之一。科学规划学校、幼儿园的位置，可以保证教育资源的均衡分配，让每个孩子都有接受良好教育的机会。在规划过程中，相关部门需要充分考虑不同社区的教育需求和特点，合理配置教育资源，确保教育机构的分布覆盖城市不同区域。此外，相关部门应注重提升教育教学质量，加强教师培训和教育设施建设，提供更加优质的教育资源和教学环境，为学生提供公平的教育机会，促进社会公平和教育公正。

3. 文化娱乐设施规划与社会共享

规划合理的文化娱乐设施是实现社会公平和文化共享的关键举措之一。科学规划图书馆、剧场、公园等文化娱乐设施的位置，使其分布合理，覆盖城市不同区域，为居民提供多样化的文化娱乐选择。在规划过程中，相关部门需要注重满足不同群体的文化需求，鼓励多样化的文化表达和交流活动，提升居民的文化素养和文化享受水平。同时，加强文化设施的管理和运营，提高文化设施的利用率和服务质量，为居民提供丰富多彩的文化娱乐活动，促进社会文化共享和文化多样性的发展。

（二）社区参与社会和谐发展

社区参与是社会公平与包容的重要保障。在城市规划过程中，相关部门应充分尊重和倾听居民的意见和建议，鼓励居民参与公共事务的讨论与决策，加强社区自治，推动社区自治能力的提升和社会和谐的建设。

1. 建立有效的社区参与机制

建立开放透明的社区议事会是社区参与的重要平台之一。这一机制为居民提供了一个参与城市事务讨论与决策的重要渠道。通过定期召开社区议事会，居民可以就社区发展规划、公共设施建设、环境保护等议题提出意见和建议。同时，议事会还能促进社区内部的沟通与协调，增强社区居民的归属感和责任感，激发社区的活力和创造力，推动社区发展的多元化和可持续化。

居民代表大会作为另一个重要的社区参与机制，在城市规划中发挥着至关重要的作用。居民代表大会不仅为居民提供了一个广泛参与城市治理的平台，而且也是居民利益的重要代表和捍卫者。通过选举产生的代表能够代表居民的利益和诉求，参与制定和执行相关的社区规划和政策，推动社区自治的深入发展，促进社区居民的团结和互助精神，推动社会和谐与稳定发展。

加强社区自治能力的培养和提升是建立有效社区参与机制的重要保障。通过开展社区自治能力培训、举办社区自治经验交流活动等方式，提高居民对社区自治重要性的认识和理解，增强居民参与社区事务的意识和能力，培养居民自治管理的责任感和自觉性，推动社区自治机制的有效运转和社会和谐和持续发展。

政府应积极支持和促进社区参与机制的健康发展。政府部门应当设立专门的部门负责协调社区参与事务，并制定相关政策和法规，鼓励和支持居民参与社区事务的讨论和决策。同时，政府还应加强对社区自治的指导和监督，保障社区参与机制的公平公正运行，促进社会和谐与稳定地全面发展。

2. 弱势群体需求保障与社会稳定性

制定针对弱势群体的相关政策和措施是保障社会公平与包容的首要任务。政府应加强对贫困人口、残疾人群体、老年人、儿童等特殊群体的关注和支持，建立健全的社会救助体系，提供基本的生活保障和医疗保障，缓解他们的生活困境，保障他们的基本生存权利。

加强对弱势群体的教育支持是促进社会公平与包容的关键措施之一。通过加大教育投入，提供免费教育资源，设立专项奖学金和助学金等形式，帮助贫困家庭子女接受良好的教育，提高他们的教育水平和就业竞争力，改善他们的生活质量和社会地位。

提供医疗保障是保障弱势群体权益的重要保障措施。政府应加大医疗卫生资源投入，建立健全的医疗保障体系，提供基本的医疗服务和医疗保险，为弱势群体提供及时有效的医疗救助，保障他们的健康权益，提高他们的生活质量和幸福感。

加强对弱势群体的就业帮扶是促进社会公平与包容的关键举措之一。政府应加大对就业困难人群的职业培训和技能提升支持，提供就业岗位和创业支持，促进他们的自我发展和自我实现，提高他们的社会参与能力和生活质量，实现社会的全面和谐稳定发展。

第二节　征收对环境的影响与考虑

全面评估征收活动对周边环境的影响是确保环境可持续性的关键。评估方法包括环境影响评价（EIA）和社会影响评价（SIA）。环境影响评价主要关注征收活动对自然环境的影响，包括土地利用、水资源、生态系统和生物多样性等方面的影响。社会影响评价则关注征收活动对周边社区居民生活、经济和文化等方面的影响。综合考虑这些评价结果，制定出合理的环境保护措施和社会保障机制，减少征收活动对环境和社会的负面影响。

一、环境影响评价（EIA）方法

该评估方法通过系统调查和分析土地利用变化、水资源利用、生态系统稳定性和生物多样性等方面，全面评估征收活动可能对环境产生的直接和间接影响。在评估过程中，需要考虑到潜在的生态系统破坏、生物多样性丧失、水资源污染等可能带来的环境风险，从而制定出相应的环境保护策略和措施，以减少对环境的不良影响。

（一）土地利用变化评估

1. 在征收活动中，评估土地利用方式变化对土壤质量的影响是至关重要的一环。土地利用方式的改变可能会对土壤的结构、肥力和水分保持能力产生影响，从而影响土壤的可持续利用能力和生态系统的稳定性。评估土壤质量变化情况，可以采取相应的土地保护措施，包括土壤修复、植被保护和科学施肥等措施，以保障土壤的健康和可持续利用。

2. 征收活动可能导致植被覆盖的变化，进而影响生态系统的稳定性和生态功能。植被的改变可能会影响生态系统的物种多样性、生态平衡及土壤保持能力。因此，对植被覆盖变化进行全面分析，包括植被类型、植被密度及植被的动态变化趋势等，有助于制定有效的植被保护和恢复措施，促进生态系统的稳定和可持续发展。

3. 土地利用方式变化对土地生态系统稳定性的影响直接关系到生态系统的健康和可持续发展。评估土地生态系统的稳定性变化，包括土地的水循环、养分循环、能量流动等方面，可以及时发现和解决土地生态系统中存在的问题，采取相应的保护和恢复措施，维护土地生态系统的平衡和稳定。

4. 基于土地利用方式变化评估结果，应制定出一系列合理的土地保护和可持续利用策略。这些策略包括但不限于加强土地保护意识、推行土地保护政策、开展土地生态修复工作及建立土地资源管理制度等，以保障土地资源的可持续利用和保护。

（二）水资源利用评估

第一，征收活动可能对地下水资源产生影响，包括地下水水位、水质和水量的变化。评估应关注地下水的补给、补偿能力及对周边生态系统和人类活动的影响。对地下水资源变化的评估，可以制定出合理的地下水管理措施，包括监测地下水的水质和水量、建立地下水保护区域、制定地下水开发利用规划等，以保障地下水资源的可持续利用和保护。

第二，征收活动可能会对地表水资源产生直接或间接的影响，包括水质的变化、水量的减少和水域生态系统的稳定性受损等。评估应考虑征收活动对地表水资源的利用影响，包括水域生态系统的稳定性、水体富营养化和水污染等问题。地表水资源利用评估，可以制定出合理的水资源管理措施，包括水资源保护区域的建立、水质监测与治理、水资源节约利用措施的推行等，以保障地表水资源的可持续利用和保护。

第三，征收活动可能对水域生态系统产生影响，包括水域生态环境的改变、水生生物群落结构和功能的变化等。评估应关注征收活动对水域生态系统稳定性的影响，包括水生生物多样性、水域生态功能和水域生态系统服务功能的变化等方面。水域生态系统稳定性的评估，可以制定出合理的生态修复措施和保护策略，促进水域生态系统的恢复和保护。

（三）生态系统稳定性和生物多样性评估

首先，征收活动可能对周边生态系统稳定性产生影响，包括土壤侵蚀、水土流失、生态系统结构破坏等问题。评估应关注征收活动对生态系统结构、功能和稳定性的影响，包括生态系统中关键物种的数量和分布、生态过程的变化及生态系统服务功能的变化等方面。对生态系统稳定性的评估，可以制定出合理的生态保护措施和生态修复策略，促进生态系统的恢复和保护。

其次，征收活动可能对周边生物多样性产生直接或间接的影响，包括物种数量减少、物种结构改变及生物群落稳定性受损等。评估应关注征收活动对生物多样性的影响，包括植物物种、动物物种和微生物的丰富度和多样性变化，以及生物多样性保护区域内的物种分布和数量等方面。生物多样性的评估，可以制定出合理的保护措施，包括建立保护区域、濒危物种保护、生态保护教育宣传等，以促进生物多样性的保护和可持续发展。

再次，征收活动可能对周边生态功能产生影响，包括水循环、养分循环、能量流动等生态功能的变化。评估应关注征收活动对生态系统功能的影响，包括生态过程的变化、生态系统服务功能的退化及生态系统中关键生态功能区域的变化等方面。对生态功能的评估，可以制定出合理的生态修复措施和生态功能恢复策略，促进生态功能的恢复和保护。

二、社会影响评价（SIA）方法

社会影响评价（SIA）是征收活动评估中另一个重要的方面，它关注的是征收活动对周边社区居民生活、经济和文化等方面的影响。调查和分析征收活动可能引起的社会问题，如居民搬迁、社区经济状况变化、社会稳定性等方面，可以制定出合理的社会保障机制和政策措施，以保障受影响群体的合法权益和利益。

（一）居民搬迁影响评估

在征收活动中，评估居民搬迁对周边社区居民生活的影响至关重要。这包括对居民搬迁可能带来的经济和生活方式变化进行评估。评估应考虑到可能引发的居民生计稳定性、社会互动关系变化、文化传承等方面的问题。全面的居民搬迁影响评估，可以制定出合理的居民搬迁政策和社会保障措施，保障搬迁居民的合法权益和生活质量，促进社区的稳定和和谐发展。

1. 关注居民生计稳定性

居民搬迁可能对周边社区居民的生计稳定性产生影响，包括居民就业机会、收入来源及生活成本等方面的变化。评估应重点考虑搬迁对居民生计的影响，包括搬迁后就业机会的变化、收入来源的改变及可能面临的生活成本增加等问题。对居民生计稳定性的评估，可以制定出合理的社会保障政策和经济补偿措施，以保障居民的生计稳定和生活质量。

2. 评估社会互动关系变化

居民搬迁可能对周边社区居民的社会互动关系产生影响，包括邻里关系、社区凝聚力及社会支持网络等方面的变化。评估应考虑搬迁对社区居民社会互动关系的影响，包括邻里关系的变化、社区凝聚力的强弱及可能面临的社会支持网络的改变等问题。对社会互动关系变化的评估，可以制定出合理的社区建设和社会交往政策，促进社区居民之间的融合与互助，维护社区的和谐与稳定。

3. 关注文化传承问题

居民搬迁可能对周边社区的文化传承产生影响，包括传统文化、历史遗产及民俗习惯等方面的变化。评估应重点考虑搬迁对社区文化传承的影响，包括传统文化的保护、历史遗产的传承及民俗习惯的延续等问题。对文化传承问题的评估，可以制定出合理的文化保护政策和传统文化传承措施，促进社区文化的传承与发展，维护社区的文化多样性和独特性。

（二）社区经济状况变化评估

征收活动可能对周边社区的经济状况产生直接或间接影响，因此对社区经济状况变化进行评估十分必要。评估应考虑到征收活动可能带来的产业结构变化、就业机会变化、经济收入变化等方面的影响。社区经济状况变化评估，可以制定出合理的经济发展政策和产业转型措施，促进社区经济的稳定和可持续发展，维护社区居民的经济利益和福祉。

1. 关注产业结构变化评估

社区经济状况变化评估中，产业结构变化是一个重要的方面。评估应考虑征收活动可能带来的产业结构调整、产业布局变化及产业发展趋势等方面的影响，需要深入研究各类产业的发展潜力和发展方向，分析征收活动对不同产业的影响程度，为社区未来经济发展方向提供科学依据。对产业结构变化的评估，可以制定出合理的产业发展政策和产业转型措施，促进社区产业的多元化和可持续发展。

2. 评估就业机会变化

社区经济状况变化评估中，就业机会变化是另一个重要方面。评估应考虑征收活动可能对社区就业市场的影响，包括就业岗位数量、职业结构及就业质量等方面的变化。需要深入了解征收活动对不同行业的就业影响，并预测未来社区就业市场的发展趋势，为社区居民提供更多就业机会。对就业机会变化的评估，可以制定出合理的就业政策和职业培训措施，促进社区就业市场的稳定和可持续发展，增加居民的就业机会和收入。

3. 关注经济收入变化评估

社区经济状况变化评估中，经济收入变化是评估的另一个重点。评估应考虑征收活动可能带来的居民收入水平、消费能力及生活水平等方面的变化，需要深入了解征收活动对社区居民经济收入的影响程度，并分析居民收入变化对社区经济的整体影响。对经济收入变化的评估，可以制定出合理的收入分配政策和社会保障措施，提高社区居民的收入水平和生活质量，促进社区经济的可持续发展。

（三）社会稳定性评估

对征收活动可能对周边社会稳定性带来的影响进行评估十分关键。评估应关注社会关系的稳定性、社会治安的影响等方面的问题。社会稳定性评估，可以制定出合理的社会治理政策和社会风险管理措施，加强社会管理和维护社会秩序，确保社区的社会和谐与稳定发展。

1. 关注社会关系的稳定性评估

在社会稳定性评估中，对社会关系的稳定性进行评估是至关重要的。评估应考虑征收活动可能对社区内部和邻近社区之间的社会关系产生的影响，需要深入研究社会群体之间的互动情况、社区居民之间的互助关系及社会信任度等方面，分析征收活动对社会关系稳定性的影响程度。通对社会关系稳定性的评估，可以制定出合理的社会和谐政策和社区建设措施，促进社会关系的融洽和社区内部的和谐发展。

2. 评估社会治安的影响

社会稳定性评估中，对社会治安的评估也是重要方面之一。评估应考虑征收活动可能对社区治安状况和居民安全感的影响，需要深入了解征收活动可能带来的治安问题，如社会犯罪率的变化、治安环境的变化等方面。对社会治安的评估，可以制定出合理的治安管理政策和社会风险防控措施，维护社区居民的人身财产安全，促进社区治安的稳定和社会秩序的良好发展。

3. 重视社会文化传承的评估

社会稳定性评估中，需要重视社会文化传承的评估。评估应关注征收活动可能对社区文化传统、民俗习惯和历史遗产等方面的影响，需要深入了解征收活动对社区文化传承的影响程度，包括对传统文化的保护和传承及社区文化氛围的变化等方面。对社会文化传承的评估，可以制定出合理的文化保护政策和文化传承措施，促进社区文化的传承和发展，维护社区的文化传统和特色。

三、综合评估与保障机制

综合考虑 EIA 和 SIA 的评估结果是确保环境可持续性的关键。基于评估结果，应建立完善的环境保护措施和社会保障机制，包括但不限于制定合理的生态补偿政策、开展环境教育宣传、建立社会参与机制等，以减少征收活动对环境和社会的负面影响，促进可持续发展。

（一）制定合理的生态补偿政策

1. 制定合理的生态补偿政策需要考虑到受影响生态系统的恢复和重建工作的资金支持。针对可能受到破坏的生态系统，政府可以通过设立专项基金或者资金专项拨款，为生态系统的修复和重建提供必要的经费支持。这些资金可以用于生态系统内植被的种植与更新、土壤的改良与修复、水域的净化与恢复等一系列生态补偿措施，以保障受影响生态系统的稳定和健康发展。

2. 生态补偿政策还应考虑对受影响生态环境所带来的生态损失进行补偿。针对由征收活动带来的生态环境损失，政府可以制定相应的补偿标准和补偿机制，对生态环境损失进行量化评估，确保受损生态环境所受到的损失得到合理的补偿。这有助于平衡征收活动对生态环境的不利影响，促进受影响生态环境的快速恢复与重建。

3. 建立有效的生态补偿政策需要结合相关法律法规和政策制定相应的补偿标准和程序。政府应建立健全的生态补偿管理制度，明确补偿政策的适用范围和补偿对象，确保补偿工作的公平、公正和透明。同时，政府需要加强对生态补偿资金的管理和监督，防止资源浪费和滥用，确保生态补偿政策的有效实施和落实。

4. 要注重社会参与和舆论监督，鼓励社会各界积极参与生态补偿工作，加强对生态补偿政策的监督和评估，促进政府和社会各界的合作共建，共同推动生态补偿工作的有效实施和落实，实现受影响生态系统的全面保护和可持续发展。

（二）开展环境教育宣传

首先，开展环境保护知识讲座是增强公众环境保护意识的有效途径之一。邀请环保专家学者和相关领域的专业人士，组织环境保护知识讲座，向公众介绍环保知识和技能，普及环保科学知识，提高公众对环境问题的认知和理解。这不仅有助于增强公众的环保责任感和使命感，还能促进公众树立环保意识，主动参与到环保行动中来。

其次，开展环境保护主题活动可以引起公众对环境保护的重视和关注。通过组织环保主题的文化活动、艺术展览、影视宣传等形式，向公众传递环保理念和价值观，激发公众的环保热情和积极性。这些活动可以形成良好的社会氛围和舆论氛围，引导公众关注环保问题，参与到环保行动中来，推动社会的环保意识和环保行为的形成和发展。

再次，推广环境保护科普知识是培养公众环保意识和环境保护技能的重要途径之一。通过制作和传播环保科普知识的宣传资料和宣传片，向公众介绍环保科学知识和环保技能，提高公众对环保知识的了解和掌握程度，增强公众的环保行为和环保能力，促进公众形成良好的环保习惯和环保生活方式，推动社会的环保文明建设和可持续发展。

最后，加强环境保护意识教育是促进社会环保文明建设和可持续发展的必然要求。通过多种形式和多种途径，加强公众环保意识教育，提高公众对环保问题的认知和理解，引导公众树立正确的环保价值观和环保行为观念，激发公众参与到环保行动中来，共同推动社会的环保文明建设和可持续发展。

（三）建立社会参与机制

第一，建立征收活动的公开透明机制是加强社会参与的关键。建立征收活动信息公开平台，及时向公众通报征收活动的相关信息、进展情况和评估结果，提高信息公开透明度，增强公众对征收活动的了解和参与意识。这有助于促进公众对征收活动的监督和评价，提高征收活动的公信力和社会认可度，推动城市环境保护和可持续发展的深入开展。

第二，鼓励公众对征收活动提出意见和建议是加强社会参与的有效途径之一。通过举办公开座谈会、征集公众意见和建议等形式，鼓励公众对征收活动提出自己的看法和建议，提高公众对征收活动的参与度和满意度，促进公众对城市规划和环境保护事务的广泛参与和深度参与。这有助于增强公众的环保责任感和参与意识，推动城市环境保护和可持续发展的有序推进。

第三，加强公众对征收活动的监督和评估是加强社会参与的重要手段之一。通过建立征收活动的监督评估机制，加强对征收活动的监督和评估，及时发现和解决征收活动中存在的问题和隐患，保障受影响公众的合法权益和利益。这有助于增强公众对征收活动的信任和支持度，提高征收活动的社会认可度和合法性，推动城市环境保护和可持续发展的持续推进。

第四，推动公众参与城市规划和环境保护事务是加强社会参与的根本目标之一。通过开展城市规划咨询活动、环境保护培训活动等形式，加强公众对城市规划和环境保护事务的了解和参与，提高公众对城市环境保护的认知和支持度，推动城市环境保护和可持续发展的深入开展。

第三节　城市规划中的生态恢复和保护

城市规划中的生态系统保护是实现城市可持续发展的关键。保护生态系统需要从保护生物多样性、维护生态平衡和保障生态安全等方面着手。这包括建立生态保护区和自然保护区，保护和修复城市内的湿地、森林、草原等自然生态系统，维护生态系统的完整性和稳定性。同时，要推动生态补偿机制的建立，对被破坏的生态环境进行修复和补偿，实现生态系统的可持续发展和利用。

一、关注生物多样性保护

城市生态系统中的多样生物种类对维持生态平衡和促进生态系统健康至关重要。因此，保护并维护城市内部的生物多样性是保护生态系统的首要任务之一。这涉及建立保护区域、保护野生动植物栖息地，制定相关政策和措施以保护濒危物种和生态系统关键物种，从而维持城市生态系统的稳定和健康发展。

（一）建立保护区域和野生动植物栖息地

1. 建立自然保护区是保护生物多样性的核心手段之一。这些保护区可以包括自然保护区、野生动物保护区、森林公园等，旨在保护和维护各类动植物的生存环境和栖息地。划定这些自然保护区，可以有效限制人类活动对当地生态系统的破坏，保护濒危物种和生态系统关键物种的生存空间，实现生态系统的可持续发展和保护。

2. 保护野生动植物栖息地是保护生物多样性的重要举措之一。保护野生动植物的栖息地，可以维护生态平衡和生物多样性，保护各类濒危动植物的生存环境，防止栖息地的破坏和退化。这需要加强对栖息地的保护管理和监测，防止非法猎捕和盗猎行为，加强对栖息地生态系统的恢复和保护工作，促进野生动植物种群的稳定和繁衍。

3. 建立森林公园和自然保护地是保护生物多样性的重要举措。这些公园和保护地旨在保护森林生态系统和自然生态环境，提供生物多样性研究和保护的基地，为游客提供生态旅游和自然探索的机会，促进公众对自然保护的重视和参与，增强公众生态意识，推动生态保护工作的开展和深入发展。

（二）制定相关政策和措施

首先，制定严格的保护条例和法规是保护生物多样性的关键举措之一。这些法规应包括保护濒危物种、限制破坏性开发活动、规范自然保护区的管理和保护等内容。制定相关法规，可以规范和约束人类活动对生物多样性的影响，保护受威胁物种的生存环境，维护生态系统的平衡稳定，促进生物多样性的持续发展和保护。

其次，加强对非法捕猎和非法采伐的打击是保护生物多样性的重要措施之一。针对非法狩猎、盗猎、非法采伐等破坏性活动，需要加大执法力度，严厉打击违法行为，维护生物多样性的正常秩序和生态系统的完整性。加强执法工作，可以有效遏制非法活动的蔓延，保护生物多样性资源的安全和稳定。

最后，推动相关部门和社会组织的合作是保护生物多样性的重要途径之一。需要加强政府、社会组织和公众之间的合作与沟通，共同制定并推行生物多样性保护的相关政策和措施。加强合作，可以调动社会各界的积极性和参与度，提高公众对生物多样性保护的关注度和认知度，推动生物多样性保护事业的全面发展和深入推进。

（三）维持生态系统稳定和健康发展

第一，合理规划城市内的绿地和自然景观是保护城市生物多样性的基础措施之一。合理规划城市内的绿地系统，包括公园、绿化带、自然保护区等，可以为城市内的生物提供适宜的生存环境和栖息空间，促进不同生物种群之间的平衡和协同发展，保障城市生态系统的稳定和健康发展。

第二，保持生态系统内各种生物之间的平衡关系是维护生态系统稳定的重要手段之一。保护生态系统内的各类生物，包括植物、动物、微生物等，可以维护它们之间相互依存的关系，保障生态系统内部的自然循环和生物间的相互作用，促进生态系统的平衡和健康发展。

第三，促进生态系统内部的自然循环和协同发展是保障城市生态系统稳定的重要手段之一。促进生态系统内部的自然循环，包括水循环、能量循环、物质循环等，可以保障生态系统内各种生物间的资源交换和能量传递，促进生态系统内各要素之间的协同作用和相互促进，保持生态系统的稳定和健康发展。

第四，实现城市生物多样性的可持续保护和发展需要全社会的共同努力。政府部门、社会组织及广大公众都应积极参与到保护城市生物多样性的行动中来，共同促进城市生态系统的稳定和健康发展，为后代留下更为美好的生态环境和自然遗产。

二、重视生态平衡维护

城市规划中的生态系统保护也需要重视维护生态平衡。城市生态系统中的各种生态要素相互作用，维持着生态平衡的稳定状态。因此，在城市规划中，需要通过合理的生态规划和资源管理来保障生态系统的平衡。这包括建立生态修复工程，控制城市生态系统中的生态环境恶化趋势，促进生态系统内部的自然循环和协同发展，确保城市生态系统的持续稳定性。

（一）建立生态修复工程

1. 湿地恢复是生态修复工程中的一项重要内容。城市化进程中，湿地的大量开发和破坏导致了生态系统的失衡，湿地的恢复变得尤为重要。湿地恢复工程，可以修复和重建湿地生态系统，提高水域的自净能力和水质净化能力，恢复湿地对于生态系统的调节和稳定功能，同时促进湿地生态系统中生物多样性的保护和增加。

2. 水域净化工程也是重要的生态修复工程之一。城市化进程中，水域的污染和生态系统受损严重影响了水生生物的生存和水域生态系统的平衡。水域净化工程，可以采用生物修复、人工湿地和水生植物等手段，有效清除水体中的有害物质和污染物，恢复水域生态系统的稳定性和健康性，保障水生生物的生存环境和水域生态系统的持续发展。

3. 土壤改良工程是生态修复工程中不可或缺的一环。城市化过程中，大量土地被开发用于建设，土壤质量遭受破坏，生态系统的稳定性受到威胁。土壤改良工程，可以采用植被覆盖、有机肥料施用、生物修复等方式，改善土壤的结构和肥力，提高土壤的保水保肥能力，促进土壤中微生物的活跃和土壤生态系统的恢复，从而保障城市生态系统的可持续发展。

4. 生态修复工程需要与城市规划紧密结合，通过科学合理的规划和布局，将生态修复工程与城市建设有机地结合起来，实现城市生态系统和人类社会的协调发展。这些生态修复工程的实施，可以有效提升城市生态系统的健康水平，实现生态平衡的可持续发展。

（二）控制生态环境恶化趋势

首先，建立严格的环境监测体系是控制生态环境恶化趋势的首要任务。建立完善的环境监测网络和系统，可以全面监测城市生态环境中的各项指标和因素，包括空气质量、水质状况、土壤质量、生物多样性等方面，及时掌握生态环境的变化和趋势，为制定针对性的生态环境治理和保护措施提供科学依据。

其次，加强对环境污染源的管控和治理是控制生态环境恶化趋势的重要举措。加强对工业废气、生活污水、固体废弃物等环境污染源的监管和治理，可以有效减少污染物的排放和释放，防止污染物对生态环境的影响和破坏，保障城市生态环境的健康和可持续发展。

再次，推动环境保护意识的提升是控制生态环境恶化趋势的长久之计。开展环境教育宣传、举办环保主题活动、加强环保法律法规的宣传和执行等措施，可以提高公众对于环境保护的重视程度和环保意识，引导公众养成良好的环保习惯和行为，共同参与城市生态环境的保护和治理。

最后，增强生态环境治理能力是控制生态环境恶化趋势的根本保障。提升生态环境治理机构的管理水平和治理能力，加强相关技术和人才的培训和引进，建立完善的生态环境治理体系，可以有效提升城市生态环境治理的效率和水平，为城市生态环境的持续健康发展提供坚实保障。

三、强调生态安全保障

城市规划中的生态系统保护还需要重点关注生态安全。城市的生态系统安全是保障城市居民生活和城市可持续发展的重要保障。这包括加强对生态环境污染的防控和治理，控制土地开发速度和规模，推动生态环境的持续改善和保护。建立健全的生态监测系统和增强居民生态保护意识，可以有效保障城市生态系统的安全，实现城市生态环境的可持续发展和健康运行。

（一）加强对生态环境污染的防控和治理

首先，加强对工业废气和污水排放等污染源的监管和治理是保障生态环境的关键举措。建立完善的监管机制和污染物排放标准，加强对工业企业和生产单位的监督检查和治理力度，可以有效控制和减少工业废气和污水的排放量，降低其对环境的污染和破坏，保障城市生态环境的清洁和健康。

其次，推动绿色生产方式和环保技术的应用是加强防控生态环境污染的重要途径。鼓励和支持企业采用清洁能源、循环利用和节能减排等绿色生产方式，推广和应用环保技术和设备，可以实现生产过程中的污染物减排和资源有效利用，降低对生态环境的影响，推动工业和生产活动向环保型方向发展。

再次，加强对农业和生活污染源的管理是保障生态环境健康的必要措施。制定和实施农业面源污染治理措施，促进农业生产的绿色化和可持续发展，加强对农业化肥、农药等污染物的监管和治理，可以有效减少农业活动对土壤和水体的污染，维护农田生态系统的健康和稳定。

最后，推动居民生活方式的绿色化和环保化是保障生态环境健康的关键举措。加强对居民生活垃圾、污水排放等污染源的管理和治理，推动垃圾分类和生活污水处理等环保措施的实施，可以降低居民生活对环境的负面影响，促进城市生活环境的改善和提升。

（二）控制土地开发速度和规模

1. 合理规划土地利用结构是控制土地开发速度和规模的基本途径。科学合理地划分不同功能区域，明确城市建设用地、农业用地、生态保护用地等不同类型的土地利用范围和比例，可以有效控制土地的开发和利用，保障城市生态系统的健康和稳定发展。

2. 保护重要生态功能区是控制土地开发速度和规模的重要措施之一。重点保护农田、森林、湿地等重要生态功能区，加强对这些区域的保护和管理，限制非法占用和破坏行为，推动生态保护意识的普及和提升，确保这些关键生态区域的持续稳定性和生态系统的健康发展。

3. 严格控制非建设用地的占用是控制土地开发速度和规模的重要手段。加强土地利用管理和监管，严格执行土地利用政策和法规，限制非建设用地的非法占用和乱占滥用现象，防止非法开发和破坏行为对生态环境的影响，保障土地资源的合理利用和生态系统的安全稳定。

第四节　绿色基础设施在城市规划中的作用

一、绿色基础设施对城市生态环境的改善效果评估方法

绿色基础设施在城市规划中具有改善城市生态环境的重要作用，需要通过多种评估方法来评估其效果。

（一）生态系统服务价值评估方法

1. 生态系统服务价值评估方法

市场价值法是一种常用的生态系统服务价值评估方法，可通过考量城市绿地对环境改善的直接经济效益来量化绿色基础设施的生态效益。具体而言，这种方法可以通过评估绿地对于改善空气质量所带来的健康支出减少、气候调节所带来的能耗降低等方面的影响来量化绿地对城市生态系统的直接经济效益。在城市规划和生态建设中，市场价值法提供了可靠的经济依据，使决策者能够更好地权衡生态投资的回报和成本。

替代成本法是一种有效的生态系统服务价值评估方法，通过比较绿色基础设施建设和运营所节省的代价，来评估其对城市生态系统服务的提升效果。举例来说，这种方法可通过对比绿色屋顶建设和传统屋顶维护所产生的能耗成本、水资源利用成本等方面的差异，评估绿色基础设施对城市能源和水资源的节约效益。这一评估方法为城市节能减排和可持续发展提供了支持，为决策者提供了有益的经济评估工具。

生态效益评估法是一种综合性的评估方法，通过构建综合评估指标体系，综合考虑绿色基础设施对自然灾害防治、生态平衡维护、生物多样性保护等方面的综合影响，量

化其对城市生态系统服务的综合贡献。举例来说，通过评估湿地保护对洪涝灾害防治、生态系统稳定性和生物多样性维护方面的作用，可以量化湿地保护对城市生态系统服务的综合效益。这一评估方法有助于全面评估绿色基础设施对城市生态系统服务的贡献，为城市规划和管理提供了重要的决策依据。

2. 生态系统服务价值评估的综合效益评价

综合考量上述评估方法的评估结果，可以全面量化绿色基础设施对城市生态系统服务的贡献，并评估其对城市社会经济系统的综合效益。将绿色基础设施的生态效益与社会经济效益结合，可以为制定合理的城市规划与管理策略提供科学依据，促进城市绿色基础设施的可持续发展与利用。

同时，相关部门需要考虑绿色基础设施的成本与收益，包括建设和维护的投入、运营管理的成本等方面，综合评估其经济可行性和社会效益。对绿色基础设施的综合效益评价，可以为城市规划和管理部门提供科学决策支持，促进绿色基础设施的有效推广与应用，实现城市生态环境的持续改善和保护。

（二）环境监测与评估方法

1. 建立完善的环境监测体系

建立空气质量监测站是监测城市绿色基础设施对空气净化效果的重要手段。通过监测站收集的空气质量数据，可以用于分析绿色基础设施对城市空气中颗粒物、有害气体等污染物的净化效果。这样的数据有助于评估绿色基础设施在改善城市空气质量和保护居民健康方面的实际效果，为相关决策提供可靠的科学依据。

建立水质监测站是监测城市绿色基础设施对水资源保护效果的重要手段。通过监测站收集的水质数据，可以评估绿色基础设施对城市水体的净化和保护作用。这些数据不仅能够反映绿色基础设施在污水处理、水体修复和保护方面的实际效果，还可以为相关水资源管理和保护工作提供科学参考和依据。

建立土壤监测站是监测城市绿色基础设施对土壤质量改善效果的关键手段。通过监测站收集的土壤质量数据，可以评估绿色基础设施对城市土壤的改良和保护作用。这些数据有助于分析绿色基础设施在保护土壤生态功能、提升土壤肥力和改善土壤结构方面的实际效果，为城市农业生产和生态建设提供可靠的科学支撑。

整合空气质量、水质量和土壤质量等多方面的监测数据，形成全面的城市生态环境监测报告，为城市规划和管理部门提供科学决策支持，促进绿色基础设施的有效推广与应用。建立完善的监测体系，可以更好地把握绿色基础设施对城市生态环境改善的实际效果，促进城市生态建设的可持续发展。

2. 建立城市生态环境改善评价指标体系

城市生态环境改善评价指标体系应包括生态系统健康评估指标。这些指标可以涵盖城市绿地覆盖率、生物多样性指数、生态系统稳定性等方面，用于评估绿色基础设施对城市生态系统健康的综合影响。这些指标的建立有助于全面了解城市绿色基础设施对生态系统结构和功能的改善作用，为制定城市生态保护与建设策略提供科学依据。

城市生态环境改善评价指标体系还应考虑社会经济效益评估指标。这些指标可以包括绿色基础设施对居民生活质量的提升、对社会和谐稳定的促进等方面的影响。分析这些指标，可以评估绿色基础设施在提升城市居民生活水平、改善社会环境质量方面的综合效果，为城市规划和社会发展提供科学参考和决策支持。

城市生态环境改善评价指标体系还应考虑经济成本与收益评估指标。这些指标可以涉及绿色基础设施建设与运营的成本投入、经济产出、节约成本等方面的内容。分析这些指标，可以评估绿色基础设施在经济可行性和社会效益方面的表现，为绿色基础设施的可持续发展和利用提供有效支持和指导。

综合考量以上指标，建立城市生态环境改善评价指标体系，可以为城市规划和生态建设部门提供科学的评估工具和决策支持，促进绿色基础设施的有效推广与应用，进一步推动城市生态环境质量的提升和可持续发展。

二、绿色基础设施建设与管理中的关键技术与策略

为有效推动绿色基础设施在城市规划中的应用，需要采取一系列关键技术与管理策略。

（一）建立完善的城市生态规划体系

1. 重视城市生态规划的政策支持和定位

政策制定者应该意识到城市生态规划对于城市可持续发展的重要性。在制定城市发展规划的过程中，政策制定者应将绿色基础设施纳入考量范围之内，并将其定位为城市建设的重要组成部分。这需要明确规划的长远目标和发展方向，确保城市生态规划与城市整体发展战略相一致。政策制定者可以通过提出针对性的政策目标和发展指标，引导城市生态规划的有序实施，从而推动城市生态环境的改善和保护。

制定相关的城市绿化和生态建设规划是实施城市生态规划的基础。这些规划文件需要明确绿色基础设施的发展方向和目标，提出具体的建设措施和技术标准，为城市生态规划提供具体的实施方案。在规划制定过程中，政策制定者需要充分考虑城市生态环境的现状和发展趋势，结合城市发展的实际需求和社会经济状况，制定科学合理的规划方案，为城市绿色基础设施的建设与管理提供明确的指导和支持。

这些政策文件应具有明确的可操作性和针对性。在制定政策时，政策制定者需要考虑到不同城市的地理环境和自然条件差异，确保政策的灵活性和适用性。政策制定者可以通过制定相应的激励政策和扶持政策，鼓励城市建设者和居民参与绿色基础设施建设，促进城市生态环境的改善和保护。

政策文件的实施需要监督和评估机制的支持。相关部门应建立健全的监测和评估体系，定期对城市生态规划的实施效果进行评估和反馈，及时发现问题并提出改进建议。同时，加强相关部门之间的协调与配合，形成合力推动城市生态规划的落实和执行。通过这些措施的有机结合，政策制定者可以更好地引导城市生态规划的实施，促进城市生态环境的持续改善和保护。

2. 将绿色基础设施纳入城市总体规划

将绿色基础设施纳入城市总体规划是实现城市可持续发展的必要举措。城市总体规划是城市未来发展的重要指导性文件，对城市的布局和发展方向具有指导作用。因此，在城市总体规划编制过程中，政策制定者应明确将绿色基础设施的建设纳入规划的重要内容之中，确立其在城市发展中的长期稳定地位。这有助于明确城市生态环境保护和可持续发展的优先发展方向，为城市生态规划的顺利实施奠定基础。

加强对绿色基础设施建设和管理的监督与指导是确保城市生态规划顺利实施的关键。需要建立健全的规划审批机制，对各项绿色基础设施建设项目进行严格把关，确保其符合城市生态规划的要求和标准。这不仅需要政府相关部门的密切配合，也需要广泛征求社会各界的意见和建议，形成多方共识，推动绿色基础设施建设的顺利推进。

绿色基础设施纳入城市总体规划需要与城市的实际情况相结合。不同城市在自然环境、经济发展水平、人口密集程度等方面存在差异，因此在纳入城市总体规划时需要充分考虑各方面因素。这需要进行科学合理的规划布局和定位，结合城市的特色和优势，合理规划绿色基础设施的建设和发展方向，实现城市生态环境保护与经济社会可持续发展的良性互动。

将绿色基础设施纳入城市总体规划是促进城市生态环境保护和可持续发展的重要举措。只有通过制定科学合理的城市总体规划，充分考虑绿色基础设施建设的重要性和紧迫性，才能有效推动城市生态环境的改善和保护，实现城市可持续发展目标。

（二）推广先进的绿色基础设施建设技术

1. 推广生态工程技术

生态工程技术在绿色基础设施建设中具有重要作用。建设湿地、绿色屋顶、雨水花园等生态工程项目，可以有效改善城市的生态环境质量，提高城市生态系统的稳定性和健康度。湿地是一种重要的自然生态系统，具有很强的水体净化和保持功能，能够有效吸收和降解水中的有害物质，提高水体的水质和透明度。在城市中，合理建设湿地可以减少水体污染，改善城市水环境质量，保障城市居民的饮用水安全。绿色屋顶是利用建筑屋顶空间进行植物种植和生态绿化的一种手段，可以有效减少城市热岛效应，提高建筑能耗的效率，改善城市的空气质量和生态环境。雨水花园是利用植物和土壤对雨水进行自然净化和储存的一种设施，可以减少城市排水量，降低洪涝风险，保护城市地表水和地下水资源，促进城市水资源的可持续利用和管理。

2. 推广雨水利用技术

雨水利用技术是城市节约水资源的重要手段之一。建设雨水收集系统和利用设施，可以收集、储存和利用雨水资源，减少城市排水量，降低洪涝风险，并提高城市水资源利用效率和可持续性。在城市建设中，合理利用雨水资源可以实现雨水的收集和利用，供给城市绿化、景观、冲洗和生活用水等方面的需求。雨水利用技术不仅可以提高城市水资源利用效率，还可以降低城市雨水排放对自然水环境的影响，保护城市水生态系统的健康和稳定。

3. 推广生态园林设计技术

生态园林设计技术在绿色基础设施建设中发挥着重要作用。合理的植被配置和景观设计，可以提高城市绿地覆盖率，改善城市空气质量，增强城市生态环境的生态承载力和抗灾能力。生态园林设计技术注重以生态为导向，融入生物多样性保护、景观生态建设、生态水利工程建设等多方面内容，从而实现城市生态系统的优化升级。推广先进的生态园林设计技术，可以提高城市居民对自然环境的认知和关注，促进城市居民的生态文明意识和环境保护意识的提升。

（三）加强绿色基础设施的维护与管理

1. 建立健全的绿色基础设施维护管理体系

为了保障绿色基础设施的长期稳定运行，需要建立健全的绿色基础设施维护管理体系。首先，需要建立专业的维护团队和管理机制，明确各类绿色基础设施的维护责任和管理流程，确保维护工作有序开展。这些专业团队应具备相关的技术和管理能力，能够定期对绿色基础设施进行巡检和维护，及时发现并处理设施存在的故障和问题，确保设施的正常运行和使用效率。

需要定期进行设施检查和维修。定期的检查和维修是确保绿色基础设施正常运行的关键措施之一。制定科学合理的检查计划和维修方案，可以对绿色基础设施进行全面检查和维护，确保设施的功能完好和效果稳定。对于存在的故障和问题，需要及时进行维修和处理，避免问题扩大化和影响设施的正常使用和效果发挥。

需要加强绿色基础设施的数据管理和信息化应用。建立完善的数据管理系统和信息化平台，可以对绿色基础设施的维护和管理工作进行有效监控和指导，及时了解设施的使用情况和运行效果，为维护管理工作提供科学依据和决策支持。同时，相关管理人员可以通过信息化手段提高维护管理工作的效率和水平，提升绿色基础设施的整体管理水平和运行效率。

2. 加强公众参与和社会宣传

加强公众参与是推动绿色基础设施建设和管理的重要途径之一。开展各类宣传活动和社区教育活动，可以提高居民对绿色基础设施的认知和支持度，增强居民的环保意识和生态保护意识。举办绿色基础设施知识讲座、开展生态环保主题宣传活动等，可以向公众普及绿色基础设施的重要意义和作用，引导公众关注和参与绿色基础设施建设和管理，形成全社会共同参与绿色基础设施建设的良好氛围和格局。

同时，要加强社会宣传和舆论引导，营造积极向上的社会氛围和舆论环境。通过媒体宣传、网络推广等渠道，可以向公众传递绿色基础设施建设和管理的重要信息，引导公众关注城市生态环境保护和可持续发展问题，推动社会各界共同参与绿色基础设施建设和管理，共同推动城市生态文明建设和可持续发展目标的实现。

3. 加强社区参与和志愿者服务

加强社区参与和志愿者服务是推动绿色基础设施建设和管理的重要途径之一。组织社区居民参与绿化造林、园林养护、绿色环保宣传等志愿服务活动，可以增强社区居民的环保意识和生态保护意识，培养居民参与城市生态建设和管理的积极意识和习惯。同时，可以通过建立社区志愿者服务队伍，发挥志愿者在城市生态环境保护和绿色基础设施建设管理中的积极作用，形成社区居民共建美丽家园的良好局面和社会氛围。

第七章 房屋征收过程中的利益平衡

第一节 利益相关者的分析与识别

一、政府利益

（一）征收决策的透明化与参与度提升

1. 透明决策机制的建立

政府可以建立完善的征收决策信息公开制度，向公众提供征收项目的相关信息、决策过程、补偿标准等，确保公众能够充分了解征收决策的依据和程序。

2. 民意征询与参与平台

政府可以建立民意征询平台，包括公众听证会、网上意见征集等形式，积极征求公众意见，使公众在征收决策中能够参与表达意见，增强公众对决策的认同感。

3. 参与度提升的措施

政府可以开展相关教育宣传活动，提高公众对城市规划、土地利用等方面的认知，增强公众对城市发展规划的理解和支持，从而提高公众参与城市规划的积极性。

4. 及时沟通与信息反馈

政府需要与公众建立良好的沟通渠道，及时回应公众关切，解答公众疑虑，确保公众能够获取准确及时的征收信息，增强公众对政府决策的信任度。

（二）社会心理关怀与应对措施

1. 心理咨询服务的建立

政府可以建立相关的心理咨询服务机构或热线，为受影响的居民提供心理疏导和支持，帮助他们积极应对征收带来的心理压力和焦虑情绪，促进其心理健康和稳定。

2. 社区关爱活动的开展

政府可以组织各种社区关爱活动，包括心理辅导讲座、康复训练、社区活动等，营造积极向上的社区氛围，增强受影响居民的社会支持网络，提升其适应能力和自我调节能力。

3. 专业团队的介入支持

政府可以组建专业的社会工作团队，包括心理学家、社会工作者等，为受影响居民提供个性化、专业化的支持和服务，帮助他们解决实际问题和心理困扰，促进社会的和谐稳定。

4. 公众参与心理关怀

政府可以鼓励社会组织和志愿者参与社会心理关怀工作，通过开展志愿服务活动、邻里互助行动等，为受影响居民提供更广泛、更立体的社会心理支持，促进社会的融合和发展。

（三）公平合理的补偿机制建立

1. 市场价格评估标准

政府可以依据市场价格进行房屋征收补偿的评估，确保补偿标准与实际市场价值相符，防止因补偿不公引发的社会矛盾和法律纠纷。

2. 综合补偿方案的制定

政府应根据受影响居民的实际情况制定综合补偿方案，包括房屋补偿、经济补偿、搬迁安置等多方面考虑，确保居民的合法权益得到充分保障和补偿。

3. 补偿资金监管机制

政府需要建立完善的补偿资金监管机制，确保补偿资金使用透明公开，避免因管理不善而导致的腐败和公共信任危机，维护政府形象和社会稳定。

4. 法律援助与维权保障

政府可以提供法律援助和维权保障机制，为受影响居民提供法律咨询和援助服务，帮助他们维护自身合法权益，促进社会公平正义和法治环境的建设。

（四）社会影响评估与风险管理

1. 社会影响评估指标的制定

政府可以制定全面的社会影响评估指标体系，从经济、社会、环境等多方面评估征收可能产生的影响，为征收决策提供科学、客观的依据和参考。

2. 风险预警与应急预案

政府需要建立完善的风险预警机制和应急预案，及时发现和应对征收可能带来的社会风险和负面影响，采取有效措施化解潜在的社会矛盾和风险隐患，维护社会的稳定和和谐。

3. 公众参与和舆论引导

政府可以加强公众参与和舆论引导工作，建立有效的舆论引导机制，引导公众理性参与和表达意见，减少不良舆论对征收决策的负面影响，促进公众对征收决策的理解和支持。

二、居民利益

（一）补偿与搬迁安置

1. 公平合理的经济补偿标准

针对受影响居民的不同情况和损失，政府应建立公平合理的补偿标准体系，确保补偿金额能够真正反映居民的实际损失，提供足够的经济保障，使居民在面对房屋征收时不至于受到过大的经济损失。

2. 个性化的搬迁安置方案

政府需要根据受影响居民的特殊需求和个人情况，制定个性化的搬迁安置方案，包括住房分配、社区配套设施、基础设施建设等，为居民提供舒适的居住环境和良好的生活条件，确保他们能够顺利适应新的生活环境。

3. 搬迁补助与过渡期安排

除了经济补偿外，政府还应提供搬迁补助，帮助居民顺利完成搬迁过程，减轻他们的经济负担。同时，在新社区建设完成之前，政府需要提供过渡期安排，确保居民有良好的临时居住条件，避免因搬迁而造成的生活不便和负面影响。

4. 就业与收入保障措施

政府需要提供相关的就业援助和培训计划，帮助受影响居民重新就业或提升职业技能，增加他们的就业机会和收入，降低因房屋征收导致的经济压力，促进他们在新环境中的可持续发展。

（二）合法权益保障

1. 征收程序合法合规的监督机制

政府需要建立独立、公正的征收程序监督机制，确保征收过程中的各项程序和操作符合相关法律法规的要求，防止权力滥用和程序违规行为的发生，保障居民的合法权益不受损害。

2. 申诉渠道的畅通与保障

政府应建立多样化的申诉渠道，包括投诉举报热线、征收申诉中心等，为受影响居民提供便利的申诉途径，及时解决居民的诉求和问题，保障他们的合法权益得到有效维护和保护。

3. 法律援助与维权支持

政府可以设立法律援助机构，为受影响居民提供法律咨询和维权支持，帮助他们了解相关法律法规，维护自身合法权益，解决因征收而引发的纠纷和法律问题，保障其合法权益得到有效保障和维护。

4. 信息公开与知情权保障

政府需要及时公开征收相关信息，包括征收政策、补偿标准、搬迁安置方案等，保障居民的知情权和监督权，让居民能够充分了解自身的权益保障措施和维权途径，增强其对征收决策的信任度和满意度。

（三）社会支持政策

1. 就业机会提供与职业培训

政府可以积极促进就业机会的提供，推动相关产业的发展，为受影响居民提供更多的就业机会，同时开展相关的职业培训和技能培训，提升居民的就业竞争力和职业技能水平，帮助他们顺利融入新的社区环境。

2. 教育支持与学校安置

政府需要安排相关教育资源和学校安置计划，确保受影响居民的子女能够顺利就近入学，继续接受良好的教育教学资源，保障他们的教育权利和未来发展机会，促进其在新环境中的良好成长和发展。

3. 医疗保障与社会福利支持

政府应加强医疗资源配置，为受影响居民提供良好的医疗保障和社会福利支持，确保他们能够及时获得基本医疗服务和医疗保健资源，保障其身体健康和生活质量的提升，促进社会的公平和谐发展。

4. 社区活动与文化交流

政府可以组织丰富多彩的社区活动和文化交流活动，加强居民之间的沟通和交流，促进社区居民之间的凝聚力和归属感，促进社区的和谐稳定和社会文化的多元发展，营造积极向上的社区氛围和文化环境，提升居民的幸福感和生活质量。

（四）社会心理关怀

1. 心理咨询与心理疏导服务

政府可以建立专业的心理咨询机构或团队，为受影响居民提供心理咨询和心理疏导服务，帮助他们应对因征收而带来的焦虑、压力和情绪困扰，减轻其心理负担，促进其心理健康和稳定发展。

2. 社区心理支持网络建设

政府可以促进社区心理支持网络的建设，组织开展相关的心理健康教育和培训活动，增强居民的心理健康意识和应对能力，增强他们的心理韧性和适应性，帮助他们更好地应对生活变化和挑战。

3. 心理关怀活动与社会互助行动

政府可以组织各类心理关怀活动和社会互助行动，包括心理支持小组、心理健康讲座、社区义工活动等，营造积极向上的社区氛围，提升居民的归属感和幸福感，促进社区的和谐稳定和社会文明程度的提升。

4. 公众心理教育与心理健康宣传

政府可以加强公众心理教育和心理健康宣传，普及相关的心理健康知识和技能，增强居民的心理健康意识和自我调节能力，帮助他们更好地应对生活压力和挑战，促进社会心理健康水平的提升和社会和谐稳定的实现。

三、开发商利益

（一）土地价格与开发条件

1. 土地价格议价与评估机制

政府应建立公正、科学的土地价格评估标准，依据市场供需关系、土地用途、地理位置等因素，制定相应的评估标准和方法，确保土地价格评估的客观性和公正性，为土地价格的后续议价提供科学的依据和参考，促进土地交易的公平和透明。

政府应完善土地价格议价程序与机制，明确议价的程序和要求，规范议价双方的行为和责任，保障议价的公平和合理，避免价格议价过程中的不公平行为和信息不对称现象，促进土地价格议价的顺利进行和协调发展。

政府应加强对土地价格议价过程的监督与评估工作，建立健全的监督机制和评估标准，及时发现和解决土地价格议价中存在的问题和难点，确保土地价格的合理性和合法性，促进土地交易的规范和有序进行，维护土地市场的稳定和健康发展。

2. 开发条件与规划限制

政府应基于城市的长远发展规划和生态环境保护需求，制定科学合理的土地用途规划，明确不同区域的发展定位和功能定位，促进土地资源的合理配置和有效利用，保障城市用地的合理布局和生态环境的可持续发展。

政府应加强对建筑规范与设计要求的监督和管理，确保开发商在建筑规划和设计过程中遵循相关规范和要求，保障建筑安全和环境保护，促进建筑质量的提升和城市形象的改善，实现城市建设与人居环境的协调发展。

政府应督促开发商落实环保要求和生态保护措施，加强对施工过程中环境污染的防控和治理，促进建设项目与生态环境的和谐共生，减少建设活动对生态环境的负面影响，保护生态系统的完整性和稳定性，实现经济发展与生态保护的良性互动。

3. 政策支持与项目审批流程

政府可以给予开发商一定比例的税收优惠和土地开发补贴，减轻企业的负担，激发其投资热情，鼓励其积极参与城市建设和土地开发，促进经济发展和社会进步，同时加大对重点项目的支持力度，推动城市发展和产业升级。

政府应建立高效的项目审批流程和制度，简化审批手续，加快审批进度，提高审批效率和透明度，为开发商提供便利和支持，营造良好的营商环境，激发企业的创新创业活力，促进项目的顺利推进和成果的快速实现。

政府应加强对项目质量和安全的监督和管理，建立健全的监督机制和责任制度，严格执行相关标准和要求，确保项目建设过程符合相关要求和规定，保障建筑工程的质量安全和环境卫生，防止建筑质量问题和安全事故的发生，维护公共利益和社会和谐稳定。

4. 考虑可持续发展与倡导绿色建筑

政府可以推广绿色建筑技术和环保材料的应用，鼓励开发商在土地开发过程中采用可持续建筑设计理念，降低能耗和资源消耗，减少污染排放，提高建筑的资源利用率和环境适应性，实现生态环境保护和经济效益的双赢局面。

政府应建立绿色建筑认证和评估体系，制定相关的评估标准和指标体系，对绿色建筑项目进行全面评估和认证，鼓励和引导企业注重建筑节能减排和生态环境保护，增强企业的社会责任意识和环保意识，促进可持续发展理念深入人心和广泛实施。

政府应加强对建筑节能和环保的监管和管理，加大对绿色建筑项目的政策扶持和资金支持力度，加强对建筑节能和环保技术的培训和宣传，提高企业和公众对绿色建筑的认知和理解，促进绿色建筑理念和技术的快速推广和应用。

政府可以设立绿色建筑创新基金和示范工程基金，鼓励企业积极开展绿色建筑技术研发和示范工程建设，推动建筑业向绿色、环保、可持续的发展方向转变，提高建筑业的整体竞争力和创新能力，促进城市建设与生态环境的和谐共生和可持续发展。

（二）合作与利益共享

1. 政府支持政策与合作机制建立

政府可以制定相关的支持政策，包括土地出让、用地补贴、基础设施建设支持等，为开发商提供良好的开发环境和投资条件，促进城市建设与经济发展的蓬勃发展，建立良好的合作机制和合作关系，实现双方利益的共享与共赢。

2. 项目利益分配与风险防控机制

在合作过程中，政府和开发商可以制定明确的项目利益分配机制，明确双方的权利与义务，合理分配项目收益和风险，确保合作双方在项目开发中都能够获得合理的利润和回报，同时建立完善的风险防控机制，降低项目开发中的各类风险，保障合作关系的稳定和长期发展。

3. 公共利益与社会责任承担

政府可以要求开发商履行相应的社会责任，承担公共利益，参与社会公益事业和社区建设，为当地社区提供相关的公共设施和服务，促进社会公平正义和社会和谐稳定，树立良好的企业形象和社会形象，增强企业的社会责任感和社会担当。

4. 合规经营与行业规范引导

政府可以加强对开发商的监管与引导，确保开发商的合规经营行为，遵守相关的行业规范和道德规范，加强行业自律和诚信经营意识，营造公平竞争的市场环境，推动城市建设和房地产行业的健康发展，实现城市发展与行业规范的有机结合。

四、社会公众利益

（一）公平合理的征收程序

1. 法律法规的完善与执行监督

为确保征收程序的公平合理，政府应当加强相关法律法规的完善与执行监督工作。首先，应当建立健全的征收法律体系，包括明确征收程序的规范和要求，确保征收行为符合法律法规的规定，保障受影响个体的合法权益不受侵害。其次，政府应加强对征收法律的执行监督，建立有效的执法机制和监督体系，严格监督征收程序的执行过程，防止权力滥用和违法行为的发生，维护社会公平正义和法治环境的稳定发展。

2. 监督举报机制的建立与完善

为防止不当征收行为的发生，政府应建立有效的监督举报机制，鼓励社会公众积极参与监督和举报。这需要建立便捷高效的举报渠道，确保公众可以随时举报不当征收行为，保护公众的知情权和监督权。同时，政府应加强对举报信息的及时核实和处理工作，依法严肃处理违法征收行为，增强公众对政府行政管理的信任和支持，促进政府行政管理的透明化和阳光化。

3. 征收决策的公众参与民意征集

为提高决策的透明度和公正性，政府应加强征收决策的公众参与民意征集工作。这包括建立公开透明的决策参与机制，鼓励公众就征收决策提出意见和建议，加强与公众的沟通和互动。政府应及时公布征收决策的相关信息和文件，充分征求公众意见，确保决策过程公开公正，增强政府与民众的互信和共识，促进社会稳定和谐发展。

4. 法律援助与维权支持机构的设立

为帮助受影响公众维护合法权益，政府应设立相关的法律援助和维权支持机构。这包括建立法律援助中心和维权支持机构，为受影响公众提供法律咨询和法律援助服务，帮助他们了解自身的合法权益和维权途径。政府还应加强法律援助人员的培训和队伍建设，提高法律援助的专业水平和服务质量，为受影响公众提供更加优质的法律援助服务，促进公众法治意识的提升和法律维权意识的增强。

（二）环境保护与生态平衡

1. 环境影响评价与生态补偿措施

首先，在征收过程中，政府需要进行全面的环境影响评价，以科学客观的方式评估征收可能给周边生态环境带来的影响和风险。这包括对土地资源利用、水资源消耗、生态系统破坏等方面进行系统评估，全面了解征收可能对生态环境造成的影响程度和范围，为制定相应的生态补偿措施和环境保护政策提供科学依据和决策支持。

其次，为减少征收可能带来的生态破坏和环境污染，政府应制定科学合理的生态补偿措施。这包括但不限于采取生态修复措施、生态环境保护措施、生态补偿金的支付等方式，帮助受影响的生态系统恢复和重建，补偿生态环境的损失和损害，确保生态环境的可持续发展和生态系统的健康稳定。

再次，除了生态补偿措施外，政府还应加强环境保护政策的制定与执行工作。这包括建立健全的环境保护法律法规体系，加强环境监测和执法工作，严格监督征收过程中的环境保护措施执行情况，防止环境污染和生态破坏的发生，维护生态环境的整体稳定和生态系统的健康发展。

最后，为实现经济发展与生态保护的良性互动和统筹发展，政府应加强产业结构调整和生态经济发展，推动经济增长模式转型，注重发展与生态保护的协调发展，促进经济的可持续发展和生态环境的良性循环，实现经济、社会和生态效益的统一和协调。

2. 生态文明建设与倡导可持续发展

（1）政府可以通过各种宣传教育活动，加强生态文明建设理念的倡导工作，向公众阐释生态文明的重要性和必要性。这包括组织举办主题宣传活动、开展生态文明教育讲座、发布相关宣传资料等方式，提高公众对生态文明建设的认知度和理解度，引导公众树立绿色发展、可持续发展的理念和意识，积极参与到生态文明建设的行动中来。

（2）为有效推动生态文明建设，政府应加强对公众的生态文明意识和环保意识的培养。这需要通过加强生态环境教育和环保意识教育，引导公众树立绿色低碳、环保节约的生活方式，推动节能减排、资源循环利用等环保行为的普及和推广，从而促进全社会的环保意识的形成和提高，为生态文明建设提供坚实的公众支持和参与基础。

（3）为促进城市可持续发展和生态文明建设的双重目标，政府应加强城市规划和建设管理，将生态文明建设纳入城市发展的全局策略和规划布局中。这包括在城市规划中注重生态环境保护、生态景观建设和生态产业发展，促进城市的绿色发展和可持续发展，营造良好的生态环境和人居环境，提升城市的整体生态品质和环境品质。

（4）为实现经济发展与生态保护的协调发展，政府应加强产业结构调整和生态经济发展，推动经济增长模式的转型，注重产业绿色化和生产过程环保化，推动绿色技术和绿色产业的创新发展，促进经济增长与生态保护的良性循环，实现经济、社会和生态效益的统一和协调。

3. 环境保护法律法规的完善与执行监督

为加强环境保护工作，政府应加强相关环境保护法律法规的完善工作，建立健全覆盖面广、科学合理的环境保护法律法规体系，明确环境保护的基本原则和政策要求，规范环境保护的行为规范和责任义务，为保障生态环境的良好状态和可持续发展提供坚实的法律保障和制度保障。

除了完善法律法规体系外，政府还应加强对环境保护法律法规的执行监督工作，确保相关法律法规得到切实有效的执行和落实。这包括建立健全的环境保护执法机制和监督体系，加强环境保护执法力量和执法水平，加大对环境违法行为的打击力度，提高环境保护执法的效能和权威性，确保环境保护政策和措施能够得到切实的落实和执行。

为保障生态环境的良好状态和可持续发展，政府应加大对环境保护的投入力度，增加环境保护经费的投入和使用，加强环境保护技术和装备的研发和应用，推动环境保护产业的发展和壮大，提高环境保护的整体水平和能力，促进环境保护工作的持续深入开展和推进。

为实现人与自然的和谐共生和社会的绿色发展，政府应加强生态文明建设和绿色发展理念的宣传教育，增强公众的生态文明意识和环保意识，鼓励公众积极参与到环境保护活动中来，共同推动社会的绿色转型和可持续发展，为建设美丽中国和人类命运共同体作出积极的贡献。

4. 环境监测与风险评估机制的建立

为有效应对征收过程中可能产生的环境影响和风险，政府应建立全面的环境监测体系，包括对空气、水、土壤、噪声等环境要素进行监测和评估，建立环境监测数据的收集、分析和发布机制，提高对环境变化和环境问题的敏感度和应对能力，为保障公众的生态安全提供科学依据和技术支持。

除了环境监测外，政府还应加强环境风险评估工作，对征收过程中可能带来的环境风险和生态安全隐患进行科学评估和分析，明确环境风险的程度和范围，评估环境风险对公众健康和生态安全的影响，制定相应的环境风险防控措施和应急预案，确保环境风险能够得到及时和有效的管控和消除。

为提高环境监测与风险评估的应用效果，政府应加强对环境监测与风险评估数据的科学分析和利用，及时发布环境监测与风险评估数据的结果和分析报告，向公众公开环境监测与风险评估数据的信息，增强公众对环境问题的认知和了解，引导公众积极参与到环境保护和生态建设中来，共同保障公众的生态安全和健康发展。

为有效推动环境保护与生态建设工作的深入开展，政府应加强环境保护与生态建设的政策协同，建立健全的环境保护与生态建设协调机制，加强环境保护与生态建设相关政策的制定和实施，提高环境保护与生态建设政策的协同性和整体性，实现经济发展与生态保护的良性互动和统筹发展。

（三）城市形象与社会和谐

1. 城市形象塑造与文化建设

政府可以通过加强城市文化的传承与创新工作，挖掘和保护城市的历史文化遗产，注重传统文化的传承与发展，同时积极推动当代文化的创新与发展，鼓励艺术家、文化学者和社会各界人士参与到城市文化建设中来，促进城市文化内涵的多元化和丰富化，增强城市的文化软实力和吸引力。

政府可以加强城市形象的品牌建设与推广，通过制定有效的城市品牌战略和推广计划，塑造城市的独特形象和文化特色，打造具有地域特色和文化内涵的城市品牌，提升城市的知名度和美誉度，吸引更多的人才、资源和资本投入城市建设和发展中来，推动城市形象和社会和谐的双重提升。

为推动城市文化的多元发展和具备丰富内涵，政府可以加强城市文化设施与平台建设，建立多样化和多层次的文化设施和文化平台，包括博物馆、图书馆、艺术馆、剧院、文化广场等，为公众提供丰富多彩的文化活动和文化体验，提升公众的文化素养和审美水平，促进城市文化的繁荣和发展。

为促进城市文化产业的发展与融合，政府可以制定相关政策措施，支持文化产业的发展与壮大，鼓励文化产业的创新与创业，提升文化产品的品质和市场竞争力，促进文化产业与其他产业的深度融合和协同发展，实现城市文化产业的良性循环和可持续发展。

2. 社会公众教育与文明素养提升

政府可以通过开展文明礼仪宣传与教育活动，加强公众对基本礼仪和社交礼仪的认知，推广文明交往的行为准则和礼仪规范，倡导文明礼仪的社会风尚，提升公众的文明素养和社会形象，促进社会关系的和谐发展和社会秩序的稳定。

为提高公众的道德素质和社会责任意识，政府可以加强公民道德教育与社会公德培养，弘扬社会主义核心价值观，培养公民的良好道德品质和社会公德心态，强化公众的社会责任感和奉献精神，推动社会公德的普及和传承，促进社会的和谐稳定和社会文明的进步。

政府可以组织开展文明素养提升活动与示范工程，鼓励社会各界人士参与到文明素养提升活动中来，开展文明素养的示范引领和模范示范，倡导公众争做文明示范者和文明传播者，营造文明、和谐、健康的社会氛围，促进社会的和谐稳定和社会文明程度的提升。

3. 社会公益事业与社区建设支持

政府可以加大对社区基础设施建设的投入，提升社区的基础设施建设水平，包括道路交通、供水供电、通信网络等方面的改善与提升，为社区居民提供更便捷的生活条件和更高品质的生活环境，促进社区的整体发展和社会文明程度的提升。

为满足社区居民多样化的需求，政府可以提升社区公共服务水平与质量，包括医疗卫生、教育文化、社会保障等公共服务领域的提升与改善，为社区居民提供更全面、更优质的公共服务，提高社区居民的生活幸福感和满意度，促进社区的和谐稳定和社会文明程度的提升。

政府可以组织开展各类社会公益事业和志愿服务活动，动员和引导社会各界人士参与到社会公益事业和志愿服务活动中来，推动社会公益事业的发展和社区志愿服务的开展，营造关爱他人、奉献社会的良好氛围，促进社区的和谐稳定和社会文明程度的提升。

为确保社会公益事业和社区建设工作的长效发展，政府可以建立健全的社区建设长效机制与运行机制，明确相关部门的职责和任务，加强工作的协调与推进，落实相关政策的落地与执行，促进社会公益事业和社区建设工作的有序推进和长期发展。

4. 社会和谐与文化交流促进

政府可以促进社会各界之间的交流与沟通，包括不同文化、不同行业、不同地区的交流与互动，通过举办各类交流会议、论坛、座谈会等活动，为社会各界提供交流的平台和机会，增进彼此的了解与合作，增强社会的凝聚力和向心力，推动社会的和谐发展与进步。

政府可以加强文化艺术交流与展示活动的组织与开展，包括艺术展览、文化节庆、演出表演等活动，为社会公众提供多样化的文化艺术享受和体验，丰富公众的精神文化生活，促进不同文化之间的交流与融合，提升社会的文化品位和文化素养，促进社会文明的不断进步与发展。

政府可以推动社会团体之间的合作与共建，鼓励各类社会组织和团体开展合作项目和共建活动，共同致力于社会公益事业和社区建设工作，为社会各界提供更多的合作机会和平台，促进社会资源的优化配置和协同发展，提升社会的整体效益和社会文明程度。

政府可以加强国际交流与合作，开展多种形式的国际文化交流与合作活动，促进不同国家和地区之间的文化交流与合作，增进国际友谊与合作，为国际的和平与发展作出贡献，推动世界各国的共同发展与繁荣。

第二节　利益平衡的策略与措施

一、政府层面的多方参与机制

政府在建立多方参与的协商机制中，应充分考虑公共利益和长期发展规划。

（一）利益相关方委员会功能的深化和结构的完善

政府在建立利益相关方委员会时，应注重深化其功能和完善其结构，以更好地保障各利益相关方的利益表达和平衡。

1. 建立客观公正的委员会成员选拔机制

为了确保利益相关方委员会的客观性和公正性，政府应建立更为严格的委员会成员选拔机制。首先，可以建立明确的选拔标准和程序，包括成员的专业背景、社会声誉、代表性等方面的要求，避免利益集团或特定利益群体对委员会的过度控制。其次，政府可以借鉴国际经验，引入独立第三方机构参与成员的评选和审核工作，提高选拔过程的公平性和透明度。同时，政府还应建立一套严格的成员职责和行为准则，明确委员会成员在委员会工作中的行为规范和职责范围，确保其行为符合职业道德和行业规范。

2. 提升委员会议题的针对性和深度

为了使利益相关方委员会的讨论更加具体和深入，政府应在确定委员会议题时注重其针对性和深度。具体而言，政府可以结合社会发展的实际需求和热点问题，制定具有针对性的议题安排，使委员会能够就特定议题进行深入的探讨和研究。此外，政府还可以邀请相关领域的专家学者参与委员会的议题制定和指导工作，提高议题制定的科学性和前瞻性。同时，政府应加强对委员会议题讨论结果的跟踪和落实，确保委员会提出的建议能够转化为实际政策和措施，实现社会利益的最大化和持续增长。

3. 强化委员会的独立性和权威性建设

为了提高利益相关方委员会的独立性和权威性，政府应加强委员会内部管理和制度建设。具体而言，可以建立独立的委员会管理机构，负责委员会日常管理和运作，保证委员会工作的独立性和专业性。同时，政府还应赋予委员会一定的决策权和执行权，使得委员会提出的建议和意见能够对政府的决策产生实质性的影响。此外，政府还应加强对委员会工作成果的宣传和推广，提高委员会的社会影响力和公众认可度，增强委员会的权威性和影响力。这些措施，可以有效提升利益相关方委员会的独立性和权威性，推动公共利益的最大化和社会治理的规范化。

（二）加强政策制定过程的民主化和科学化

政府在制定政策的过程中，应更加注重民主化和科学化，使利益相关方能够深度参与并对政策提出建设性意见。为此，政府可以建立一套科学化的政策制定流程，包括社会调研、专家论证、立法审查等环节，保证政策制定的合理性和科学性。同时，政府应建立公开透明的政策制定平台，向社会公布政策制定的相关数据和信息，让公众能够了解政策制定的背景和目的，提高公众对政策的认同感和参与度。

1. 建立科学化的政策制定流程

为了确保政策制定的科学性和合理性，政府可以建立一套科学化的政策制定流程，包括社会调研、专家论证、立法审查等环节。首先，在政策制定之初，政府可以开展广泛的社会调研活动，深入了解社会各界的意见和需求，为政策制定提供科学依据和参考。其次，在政策制定过程中，政府可以邀请相关领域的专家学者参与政策的论证和评估工作，确保政策的可行性和科学性。同时，在政策制定的最后阶段，政府应设立专门的立法审查机构或委员会，对政策进行全面的法律审核和评估，保证政策的合法性和有效性。

2. 建立公开透明的政策制定平台

为了增强政策制定过程的透明度和公众参与度，政府应建立公开透明的政策制定平台，向社会公布政策制定的相关数据和信息。具体而言，政府可以通过政府官方网站、新闻发布会、社交媒体等渠道，及时公布政策制定的背景、目的、议题等信息，让公众能够全面了解政策的制定过程和内容。同时，政府还可以通过公开听证会、社会论坛等形式，邀请公众就政策提出意见和建议，促进公众参与政策制定的民主化和科学化。此外，政府还应建立一套完善的政策反馈机制，及时回应公众的关切和诉求，提高公众对政策制定过程的满意度和认同感。

3. 加强政策制定过程的信息化和智能化建设

为了提高政策制定过程的效率和科学性，政府应加强政策制定过程的信息化和智能化建设。具体而言，政府可以借助大数据分析和人工智能技术，对社会调研数据和专家论证结果进行深度分析和研判，提供科学化的决策参考。同时，政府还可以建立一个智能化的政策制定平台，实现政策制定过程的信息共享和协同办公，提高政策制定的科学性和时效性。信息化和智能化手段的应用，可以进一步提高政策制定过程的透明度和公众参与度，推动政策的民主化和科学化。

（三）构建全方位的利益相关方沟通机制

政府在与利益相关方交流沟通时，应该构建全方位的沟通机制，包括线上线下交流、公开座谈会、定期听证会等形式，以确保信息畅通和意见交流。除了定期沟通外，政府还可以利用新兴科技手段，如社交媒体平台、智能调查问卷等，提高与公众的互动频率和深度。同时，政府需要建立一个高效的反馈机制，及时反映和解决公众关切和诉求，增强公众对政府的信任感和满意度，从而推动政策的顺利实施和执行。

1. 多元化的沟通形式与途径

为了实现与利益相关方全方位的沟通，政府应该采取多元化的沟通形式与途径。除了传统的线下交流方式，如公开座谈会、定期听证会等，政府还可以利用新兴科技手段拓展沟通渠道，如建立官方社交媒体平台，开设在线讨论区域，定期举办网上直播讨论会等，以增加与公众的互动频率和深度。此外，政府可以开发智能调查问卷系统，定期向公众征求意见和建议，使利益相关方能够随时随地参与政府决策，促进政策的民主化和科学化。

2. 建立高效的信息反馈机制

为了增强与公众的互动效果，政府需要建立一个高效的信息反馈机制，及时反映和解决公众的关切和诉求。具体而言，政府可以建立一个科学化的信息收集与处理系统，对公众提出的意见和建议进行分类整理和分析研判，制定具体的解决方案和落实措施。同时，政府还可以利用公开透明的方式，将解决方案和落实情况及时向公众进行通报和公布，增强公众对政府工作的监督和参与度，提高公众对政府的信任感和满意度。

3. 推动信息沟通的全面智能化升级

为了提高信息沟通的效率和科学性，政府应推动信息沟通的全面智能化升级。具体而言，政府可以借助人工智能技术，建立智能化的信息分析与处理系统，对公众的意见和建议进行快速、准确分析和处理，提供科学化的决策支持。同时，政府还可以开发智能化的在线咨询服务系统，为公众提供全天候的咨询服务和解答，增强公众参与政府决策的便利性和舒适度。智能化手段的应用，可以进一步提高政府与公众之间的信息沟通效率和质量，推动政策的顺利实施和执行。

二、居民层面的多方参与机制

在多方参与的协商机制中，居民作为直接受影响的群体之一，其参与对于平衡各方利益至关重要。为此，可以建立居民委员会或社区代表，代表居民参与决策过程。同时，开展定期的居民意见调查和座谈会，收集居民的意见和需求，让他们直接参与到决策中来。此外，提供相关培训和教育，增强居民的参与意识和能力，让他们了解自身权益，积极参与社区事务，推动社区治理的民主化和规范化。

（一）建立有效的居民代表机制

1. 在建立居民代表机制时，政府应确保这些代表机构具备一定的代表性和包容性。代表机构应当涵盖各个社会群体的利益，包括不同年龄、性别、职业等不同背景的居民群体，以保证各方利益能够得到充分代表。这需要政府在建立代表机制的初期，制定明确的代表范围和选举标准，确保代表机构的代表性和广泛性。

2. 政府需要建立一套公平公正的选举制度和机制，确保代表的产生过程公开透明、公正合规。选举制度应当明确选举的程序和规则，避免选举过程中出现舞弊行为或利益输送等不正当行为。政府可以借鉴现有的民主选举经验，建立完善的选举机构和监督机制，确保选举的公正性和民主性。

3. 政府应加强对居民代表的培训和管理，提高他们的履职能力和水平。政府可以组织针对居民代表的相关培训课程，包括政策法规的学习、沟通协调能力的培养、社区事务管理技能提升等方面的培训，提高代表的专业素养和履职水平。同时，政府还应建立一套完善的居民代表考核机制，对代表的工作进行定期评估和考核，确保代表的工作质量和效率。

4. 政府应建立一个开放透明的代表工作反馈机制，让居民能够及时了解代表的工作情况和履职情况。政府可以通过定期召开居民代表会议、发布代表工作报告等方式，向居民公开代表的工作进展和履职情况。同时，政府还应鼓励居民积极参与代表的监督和评价工作，通过多样化的反馈途径，收集居民对代表工作的意见和建议，进一步完善代表的工作方式和内容。这些措施，可以有效提升居民代表机制的公信力和民主化程度，促进居民利益的充分表达和保障。

（二）开展多样化的居民参与活动

首先，政府可以通过定期的居民意见调查活动，全面了解居民的诉求和需求。这些调查可以涵盖社区基础设施建设、社区环境改善、公共服务提升等方面，使政府能够根据居民的意见和建议，有针对性地制定相关政策和措施，满足居民的实际需求。政府可以利用科学化的调查问卷和现代化的调查手段，确保调查结果的客观性和准确性，为政府决策提供科学的参考依据。

其次，政府可以定期组织社区座谈会等活动，促进政府与居民之间的面对面交流与沟通。通过这些座谈会，政府能够与居民直接对话，了解居民的关切和需求，解答居民的疑问和问题，加强政府与居民之间的信任和联系。同时，政府可以通过座谈会收集居民的意见和建议，与居民共同商讨解决方案，促进政策的民主化和社区治理的规范化。

再次，政府可以充分利用社区平台和社交媒体等现代化手段，开展网上意见征集和互动活动。通过建立政府官方社交媒体账号和网上意见征集平台，政府能够与更多的居民进行在线互动，了解居民的意见和想法。同时，政府可以通过社交媒体发布政策解读、宣传活动等内容，提高居民对政策的理解和认同，促进居民积极参与社区事务和决策。

最后，政府可以组织一些社区教育活动，增强居民的政治意识和参与意识。这些活动可以包括举办公民教育讲座、社区治理培训班等，引导居民了解国家法律法规、学习社区治理知识和技能，提高居民的参与能力和素质。同时，政府可以鼓励社区居民自发组织一些社区文化活动和公益活动，增强居民的凝聚力和自治意识，推动社区自治和社区治理的民主化进程。

（三）加强居民权益保障和法律意识教育

第一，政府可以通过开展相关法律宣传活动，增强居民的法律意识和维权意识。这些宣传活动可以包括法律讲座、法律知识普及等，以通俗易懂的方式向居民介绍基本的法律知识和权益保障措施，让居民了解法律对其权益的保障作用。同时，政府可以通过制作法律宣传手册、宣传海报等形式，将法律知识传达给更多的居民群众，提高居民对法律的认知和理解程度。

第二，政府可以建立一套完善的居民投诉机制，保障居民的诉求能够得到及时有效的回应和处理。为此，政府可以设立专门的居民服务中心或投诉热线，为居民提供便捷的投诉渠道，让居民能够随时随地提出自己的诉求和意见。同时，政府应建立一套科学的投诉处理流程和机制，确保每一个投诉案件都能够得到公正、公平的处理，维护居民的合法权益和利益。政府还可以定期公布投诉处理情况，接受社会的监督和评价，提高居民对政府的信任度和满意度。

第三，政府可以建立一支专业的法律咨询团队，为居民提供专业的法律咨询服务。这些法律咨询团队可以由资深律师、法律专家等组成，为居民提供个性化、针对性的法律咨询和建议，解答居民在生活中遇到的法律问题和疑惑。政府可以通过设立法律咨询办公室、开展法律咨询活动等方式，让居民能够更加便捷地获得法律帮助和支持，提高居民的法律意识和维权能力。

第四，政府可以加强与社区法律服务机构和法律组织的合作，共同推动居民权益保障和法律意识教育工作的开展。政府可以与律师协会、法律援助中心等机构建立长期合作，共同开展法律宣传、法律培训等活动，为居民提供更加全面的法律保障和支持。政府与社区法律服务机构的联动合作，可以形成居民权益保障和法律意识教育工作的合力效应，进一步提升社区治理的民主化和规范化水平。

三、开发商层面的多方参与机制

在多方参与的协商机制中，开发商是重要的利益相关方，他们的参与和支持是项目顺利进行的关键。因此，建立合理的开发商参与机制至关重要。

（一）建立有效的开发商组织和合作机制

1. 政府可以通过建立开发商联合会或协会，促进开发商之间的沟通和合作。这些组织可以成为开发商交流合作的重要平台，为开发商提供一个共同交流、合作、学习的平台，促进行业内知识和资源的共享与传递。政府可以通过扶持和支持这些组织的发展，提供必要的资金支持和政策倾斜，促进开发商之间的联合合作和共同发展。

2. 这些组织可以定期组织行业交流会、研讨会等活动，促进开发商之间的经验分享和资源共享。组织行业研讨会，开发商可以分享各自的成功经验和发展策略，学习借鉴其他企业的先进经验，促进行业内的优秀经验和模式的推广和复制。同时，这些组织还可以组织行业培训活动，提升行业从业人员的专业素养和能力水平，推动行业的规范化和标准化发展。

3. 这些组织可以共同制定行业的规范和准则，制定行业自律规则，加强行业的监督和管理。建立行业准则和自律规则，可以规范行业内企业的行为和经营方式，促进行业的健康发展和有序竞争。同时，这些组织可以加强行业内部的监督和管理，制定行业标准和规范，引导行业向着更加规范化、透明化和可持续发展的方向发展。

4. 政府可以加强对开发商组织和合作机制的支持和监督，推动行业发展的良性循环。政府可以建立相关的监督机制和评估体系，定期对开发商组织和合作机制的工作进行评估和监督，发现问题及时进行整改和优化，确保行业发展的可持续性和稳定性。同时，政府可以通过建立行业发展规划和政策支持，为行业的发展提供战略指导和政策保障，推动开发商组织和合作机制在行业发展中发挥更加积极的作用。

（二）建立开发商参与项目决策的有效机制

首先，政府可以设立开发商参与项目决策的专门委员会或工作组，让开发商代表有机会参与项目的规划和设计过程。这些委员会可以由政府官员、专业技术人员、社会代表及开发商代表组成，确保项目决策过程中的多方利益得到充分的平衡和考虑。多方参与决策的机制，可以促进项目决策的科学性和民主性，避免偏颇和片面性的决策，提高项目的整体效益和社会效益。

其次，政府可以要求开发商在项目决策过程中提供必要的透明度和信息公开。开发商应当提供项目的相关数据、资料和信息，包括项目的可行性研究报告、投资估算方案、环境影响评价报告等，让其他利益相关方能够了解项目的全貌和相关情况。政府可以通过建立信息公开制度和相关规定，要求开发商按照规定向社会公开项目信息，确保决策的公开透明性和合理性。

再次，政府可以促使开发商代表在项目决策过程中就项目的可行性、设计方案、投资回报等方面提出意见和建议。政府可以通过召开项目决策会议、专题座谈会等形式，邀请开发商代表就相关问题进行深入讨论和交流，征求他们的意见和建议，让他们能够充分表达自己的想法和主张。政府应当重视并认真对待开发商的意见和建议，充分考虑他们的合理诉求，确保项目决策的科学性和合理性。

最后，政府可以建立评估和监督机制，对开发商参与项目决策的机制进行定期评估和监督。政府可以通过建立项目决策评估指标体系，对项目决策的效果和实施情况进行评估，发现问题及时进行调整和改进，提高项目决策的科学性和有效性。同时，政府还应加强对开发商的监督和管理，确保他们在项目决策过程中遵守相关法律法规，履行社会责任，推动项目的可持续发展和社会效益的最大化。

（三）加强对开发商的监管和规范管理

第一，政府可以建立更为严格的法律法规体系，明确开发商在土地使用、建设规范、环境保护等方面的责任和义务。政府可以制定土地利用规划、建设管理条例等法律法规，规范开发商在土地开发利用过程中的行为和责任。同时，政府可以制定建筑规范、施工标准等相关法规，规范开发商的建设行为，确保建筑质量和安全。此外，政府还可以制定环境保护法规，要求开发商在项目建设过程中注重环境保护，减少对环境的负面影响，促进生态环境的可持续发展。

第二，政府应加强对开发商行为的监督和管理，对违规行为进行严厉处罚。政府可以建立完善的监管机制和执法机构，加强对开发商项目的监督和检查，发现问题及时进行整改和处罚，确保开发商的行为合法合规。同时，政府可以加强对开发商从业资质的管理，严格审查和监管开发商的从业资质，杜绝不合格开发商进入市场，提升整个行业的准入门槛和标准，保障市场秩序的公平公正。

第三，政府可以鼓励和支持开发商在项目中积极采用可持续发展的理念和技术，促进生态保护。政府可以给予采用绿色建筑技术和生态保护措施的项目一定的政策倾斜和奖励，鼓励开发商在项目规划、设计、施工中注重节能减排、资源循环利用和生态保护。同时，政府可以加强对绿色建筑和生态保护技术的推广和应用，提供相关的政策支持和专业指导，促进可持续发展理念在开发商行业的广泛应用和推广。

第四，政府可以加强与开发商的沟通与合作，共同推动行业的健康发展和可持续发展。政府可以建立开发商政府合作机制，加强与开发商的沟通与协调，共同制定行业发展规划和政策措施，推动行业的转型升级和可持续发展。同时，政府可以建立开发商社会责任评价体系，评估开发商的社会责任履行情况，鼓励开发商承担社会责任，推动行业的社会形象和信誉度的提升。

第三节　征收决策中的公平与公正考虑

一、社会公平与公正

在房屋征收决策中，社会公平需要确保决策不会对弱势群体造成不必要的不利影响。这可能包括保护贫困家庭或社区，避免因征收而导致的更大规模的社会不平等加剧。另外，社会公正需要考虑到社会资源的合理分配，确保决策不会让某些群体受益而让其他群体受损，而是要实现尽可能平衡的资源分配，以满足社会整体的需求。

（一）保护弱势群体权益

在房屋征收决策中，社会公平的核心在于确保决策不会对弱势群体造成不必要的不利影响。这包括但不限于贫困家庭、弱势社区及受教育程度较低的群体。房屋征收的过程可能对这些群体产生深远影响，如剥夺他们的住房权利、造成生计来源的中断及引发社会脆弱性的加剧。因此，确保弱势群体在征收过程中得到充分的保护和关注至关重要。这可以通过制定明确的保护政策，包括提供替代住房安置方案、提供教育与职业培训机会及建立社会保障网络来保障他们的基本生活需求。同时，相关部门应当建立监督机制以确保这些政策的有效执行，避免弱势群体在征收过程中受到二次伤害。

1. 贫困家庭的保护

为保护贫困家庭在房屋征收过程中的权益，政府应当建立明确的经济赔偿机制。这一机制需要考虑到家庭的实际经济状况，并根据其经济损失合理确定赔偿金额。这不仅可以帮助贫困家庭缓解因房屋征收而造成的经济压力，还能够降低他们面临的经济风险。此外，经济赔偿应当及时发放，以确保贫困家庭能够在征收后尽快恢复其经济来源，避免因长期经济困难而导致的生活质量下降。

除了经济赔偿外，提供替代住房安置方案也是保护贫困家庭的重要举措。这需要政府通过建设廉租房或提供贴息贷款等方式，为贫困家庭提供可负担得起的住房选择。在确定替代住房方案时，相关机构应当考虑到家庭的实际需求，例如家庭成员数量、居住环境和基础设施配套等因素，以确保提供的住房能够满足他们的基本生活需求。

除了赔偿和替代住房安置方案外，提供住房援助也是保护贫困家庭的关键措施之一。这可能包括提供低息贷款、补贴房屋维修和改造、减免房屋租金等。通过这些援助措施，贫困家庭可以更好地改善其住房条件，提高居住质量，并逐步摆脱贫困状态。此外，相关机构应当加强对贫困家庭的定期监测和评估，以确保他们能够持续得到住房援助，并及时解决他们在住房方面的困难和问题。

除了经济和住房方面的支持外，建立健全的社会支持网络也是保护贫困家庭的关键。

这包括提供医疗、教育、就业培训等方面的支持，以确保他们能够在多个领域得到综合支持。同时，社会支持网络应当与其他福利机构和非政府组织合作，共同提供全方位的支持服务，帮助贫困家庭摆脱贫困，提高其社会福祉水平。建立社会支持网络，可以为贫困家庭提供更加持久和全面的帮助，使他们能够在社会征收决策中得到更多的关注和保护。

2. 弱势社区的保障

保障弱势社区需要政府采取综合的区域发展策略，这包括但不限于改善基础设施、提升社区的公共服务水平及促进社区经济的发展。在制定区域发展策略时，相关机构应当充分考虑社区的实际情况和需求，同时结合社区居民的意见和建议，确保制定的策略能够真正满足社区的发展需求和提高社区的整体生活水平。这可能包括改善道路交通、供水供电、医疗和教育设施等基础设施建设，以及加强社区公共服务的提供，包括社区健康服务、社会福利服务等。

为降低征收对弱势社区的不利影响，政府应当着重提升社区的韧性，使其能够更好地应对外部冲击和挑战。这可能包括建立社区应急响应机制，增强社区居民的灾害防范意识和应对能力，以及加强社区的社会凝聚力和组织能力。同时，政府也需要加强社区的环境保护意识，促进可持续发展，以确保社区的发展不会以牺牲环境为代价，从而提升社区的整体韧性和可持续发展能力。

弱势社区的保障需要与社区居民密切合作，听取他们的意见和需求是至关重要的。政府应当建立健全的社区参与机制，包括社区议事会、居民代表会议等，鼓励社区居民积极参与到社区发展和决策过程中。通过开展社区居民参与活动，可以增强社区居民的参与意识和责任感，促进社区内部的和谐与稳定，从而确保弱势社区的权益得到充分保护。

为确保弱势社区的持续发展，政府需要制定长期的社区发展规划，确保社区发展的可持续性和稳定性。这需要考虑到社区未来的发展方向和需求，制定长远的发展目标和政策，包括经济发展、社会服务、环境保护等方面的规划。同时，政府也需要加强社区发展的监测和评估，及时调整社区发展策略，以适应社会变化和需求的变化，确保弱势社区能够持续得到充分的保障和支持。

3. 受教育程度较低的群体的支持

（1）为支持受教育程度较低的群体，政府和相关机构可以提供职业技能培训机会，帮助他们提升就业竞争力和适应市场需求的能力。这包括但不限于提供职业技能培训课程、实习机会及职业指导和就业咨询服务。通过这些培训机会，受教育程度较低的群体可以获得实用的职业技能，提高其就业机会和收入水平，从而降低其在房屋征收过程中受到的经济风险和不利影响。

（2）为提升受教育程度较低群体的综合素质，政府可以开展金融素养教育和法律意识培训，帮助他们更好地理解和应对房屋征收过程中的法律保护措施和权益保障机制。这可能包括提供有针对性的金融知识培训课程，帮助他们更好地理解财务管理和风险规避技巧，同时也包括提供针对房屋征收法律的解读和指导，使他们能够在征收过程中合法维护自身权益。

（3）除了单一的培训项目外，建立综合教育支持体系也是帮助受教育程度较低群体的重要举措。这可能包括建立教育援助基金，为他们提供继续教育的机会，包括成人教育、职业技能培训等。同时，建立综合教育咨询服务，提供个性化的学习规划和职业发展指导，帮助他们树立正确的职业规划和教育目标，提升其综合素质和竞争力。

（4）为保障受教育程度较低群体的持续教育和培训，政府可以与社区建立教育合作机制，促进学校、社区教育机构和企业等多方资源的共享和整合。这可以包括建立校企合作项目，提供实践机会和实习岗位，使受教育程度较低的群体能够在实践中提升自己的技能和知识。同时，政府也可以建立社区教育资源共享平台，为受教育程度较低群体提供更多的学习资源和学习机会，促进其终身学习和综合素质的提升。建立社区教育合作机制，可以实现教育资源的优化配置，提高受教育程度较低群体的受教育机会和学习成果。

（二）防止社会不平等的加剧

房屋征收决策可能会对社会的整体平等状况产生深远影响，特别是当一些社会群体因征收而面临更大规模的不公平时。因此，社会公平需要确保征收决策不会导致社会不平等的加剧，而是要促进社会资源的更加均衡分配。这可以通过建立有效的政策框架来确保资源在社会各个层面的公平分配，促进教育、就业和基础设施等领域的公平发展。此外，社会公平也需要考虑到不同社会群体的多样性和包容性，鼓励各种群体之间的交流与合作，以促进社会整体的和谐与稳定。

1. 建立有效的政策框架

首先，为确保社会资源公平分配，政府应首先制定明确的政策框架，以确保资源在教育、卫生、就业等领域得到公平分配。这需要政策制定者深入了解社会的不同需求和差异性，建立合理的资源分配机制，确保资源优先向受影响群体倾斜，尤其是在房屋征收决策中。通过制定差异化的资源分配政策，政府可以实现资源的精准配置，提高社会资源利用效率，促进社会整体的公平与稳定。

其次，教育公平是社会公平的基石，政府应要着力推动教育的公平发展。这包括提供公平的教育资源和教育机会，消除贫富差距和地区间的教育差异。尤其对于受房屋征收影响的群体，政府应制定有针对性的教育援助政策，确保他们能够继续接受良好的教育。同时，鼓励教育多元化和包容性，提供个性化的教育解决方案，促进教育公平和社会整体教育水平的提高。

除了教育外，政府还应该关注其他领域的资源合理配置。在卫生保健、社会保障和公共就业等领域，政府应确保资源的公平分配，降低不同群体间的社会不平等。这需要建立健全的社会保障制度，确保弱势群体能够得到必要的医疗和社会保障支持。同时，加强就业机会的平等化，打破就业歧视，为所有社会群体提供公平的就业机会和职业发展渠道。通过合理的资源配置，政府可以有效减少社会不平等，促进社会的和谐与稳定。

2. 促进就业机会的公平分配

（1）除了教育外，就业是促进社会公平的另一关键因素。政府应当致力于打造公平的就业环境，提供平等的就业机会和职业发展空间，避免就业歧视和不公平待遇。对于受房屋征收影响的群体，政府可以通过就业培训计划、职业指导和创业支持等措施，帮助他们获得稳定的就业机会和收入来源，提高其经济状况和社会地位。

（2）基础设施建设也是社会公平的重要组成部分，政府应当促进基础设施的公平发展，特别是在受房屋征收影响的地区。这包括但不限于道路交通、水电供应、通信网络等基础设施的完善和建设，以提高社区的整体生活水平和发展潜力。政府应当根据不同地区的实际需求和特点，制定有针对性的基础设施发展规划，确保基础设施建设能够惠及所有社会群体，促进社会整体的公平和发展。

二、个体公平与公正

在考虑个体公平与公正时，需要确保征收决策不会对受影响的个人造成不必要的伤害。这可能包括提供合理的补偿以弥补财产损失，提供必要的搬迁援助和住房安置，以及确保透明的程序来保护受影响个人的权利。此外，个体公平也意味着确保征收决策的程序对所有相关方都是公正透明的，允许他们参与决策过程并表达自己的意见和关切。

（一）提供合理的补偿和搬迁援助

1. 合理的财产补偿措施

在征收决策中，确保个体公平与公正的重要一环是提供合理的财产补偿措施。政府应当通过合理的评估机制，确定受影响个体的财产损失，并提供相应的补偿，确保他们不会因征收而遭受财产上的损失。这可能包括根据市场价值合理评估房屋和土地的价值，提供合理的补偿金或其他形式的补偿措施，如提供其他合适的住房或土地补偿等，以减轻受影响个体的财产损失。

首先，在确保个体公平与公正的过程中，建立合理的评估机制是至关重要的。政府应当建立科学、客观、公正的评估标准，针对受影响个体的房屋和土地进行全面评估，包括其市场价值、地理位置、建筑结构等因素，以确保对财产损失的评估能够客观准确地反映实际情况。只有建立科学合理的评估机制，才能保障受影响个体在财产补偿方面得到公平对待。

其次，确保个体公平与公正，需要根据市场价值来合理评估受影响个体的房屋和土地。政府应当采用公正的市场评估方法，参考周边地区的实际成交价、房屋状况和土地开发潜力等因素，对受影响个体的房屋和土地进行合理评估，确保他们能够得到与其财产价值相符合的补偿，避免因评估不公造成的财产损失和不公平现象。

再次，除了评估外，政府还应提供合理的补偿金和其他形式的补偿措施，以减轻受影响个体的财产损失。这可能包括提供现金补偿、提供其他合适的住房或土地补偿、提供就业机会或职业培训等方式，以确保受影响个体能够得到合理的补偿和帮助，尽快恢复正常生活和工作秩序。

最后，为确保个体公平与公正，补偿措施的有效执行至关重要。政府应当建立监督机制，确保补偿措施的有效落实，避免出现资金挪用、违规操作等问题。同时，政府还应建立申诉和仲裁机制，为受影响个体提供申诉渠道，确保他们的合法权益得到充分的保护和维护。健全的执行机制，可以有效确保个体在征收过程中得到公平的补偿和对待。

2. 必要的搬迁援助和住房安置措施

（1）为确保受影响个体能够顺利完成搬迁过程，政府应提供搬迁补助金。这可以帮助他们支付搬迁费用、购置搬迁所需的家具和日常用品，减轻因搬迁而产生的经济负担。搬迁补助金的发放应该与个体的实际搬迁需求相匹配，确保他们能够在经济上得到充分的支持，顺利过渡到新的生活环境。

（2）在搬迁过程中，政府应提供临时住房安排，以确保受影响个体有安全、舒适的居住条件。这可能包括提供临时住所或过渡性住房，确保他们在搬迁过程中有一个稳定的居住环境。同时，政府还应提供基本的生活设施和社区服务，确保他们的基本生活需求得到满足，保障其基本生活权利和福祉。

（3）除了提供临时住房外，政府还应提供新居的基础设施配套，确保新居能够满足受影响个体的基本居住需求。这可能包括基础设施建设、道路交通改善、供水供电设施建设等措施，以提高新居的生活品质和居住环境。政府应充分考虑受影响个体的实际需求和意见，确保新居的基础设施配套能够真正满足他们的居住需求和生活期待。

（4）搬迁过程可能会给受影响个体带来心理压力和适应困难。政府应提供相应的社会支持和心理疏导服务，帮助他们应对搬迁带来的心理困扰和情绪压力。这可能包括提供心理咨询、社会支持小组、心理疏导课程等措施，以帮助受影响个体适应新的生活环境，保持心理健康和社会适应能力。通过提供全面的社会支持，政府可以帮助受影响个体顺利完成搬迁过程，促进他们的全面发展和社会融合。

（二）确保透明公正的决策程序

1. 透明的决策程序

首先，在建立透明的征收决策程序时，政府应当明确决策的目的和范围。这包括明确界定征收的具体目的，解释征收的合法性和必要性，以及确定受影响范围和相关政策依据。明确决策的目的和范围，可以使相关方了解征收决策的真实意图和目标，减少信息不对称所带来的误解和猜疑，确保决策过程的透明度和可信度。

其次，透明的决策程序需要政府确立公正的决策依据和理由。政府应当依据相关的法律法规和政策规定，采用科学合理的评估方法，对征收决策的合理性和必要性进行充分论证和说明。同时，政府还应当充分考虑相关方的意见和建议，确保决策的公正性和合理性得到充分的体现和尊重。

再次，除了明确决策目的和依据外，政府还应加强决策程序的公开透明。这包括及时公布征收决策的相关信息和文件，向社会公众披露决策的过程和结果，允许相关方监督和评价决策的公正性和合理性。政府可以通过建立信息公开平台、举办公开听证会、组织社会评估调查等方式，增强决策过程的公开透明度，建立公众对决策的信任和支持。

最后，为确保决策的透明公正，政府还应建立监督和申诉机制，让相关方能够监督决策的执行情况并提出申诉和建议。这包括建立独立的监督机构和投诉处理机构，接受相关方的监督和申诉，及时解决相关方的意见和诉求，确保决策过程的公正和合法性得到有效的保障和落实。通过建立监督和申诉机制，政府可以有效增强决策的透明度和可信度，建立良好的政府与公众关系，促进社会的和谐与稳定。

2. 参与决策过程

第一，为鼓励受影响个体参与决策过程，政府应建立有效的沟通渠道，确保他们能够及时了解决策的相关信息和进展情况。政府可以通过举办定期的沟通会议、建立信息发布平台、开设咨询热线等方式，与受影响个体保持密切联系，及时了解他们的意见和诉求，确保他们能够充分参与决策的制定和执行过程。

第二，除了建立沟通渠道外，政府还应设立听证会和意见征集机制，让受影响个体有机会表达自己的意见和关切。政府可以通过组织公开的听证会、征集意见书函等方式，征求受影响个体的意见和建议，了解他们的真实诉求和需求，确保他们的利益得到充分的代表和维护。

第三，为确保受影响个体的利益得到充分代表和维护，政府还应建立参与决策的代表机制。这可能包括设立社区代表委员会、建立利益相关者代表团体等方式，让受影响个体选举或委派代表参与决策过程，确保他们的意见和诉求能够得到有效的反映和表达，促进决策的公正和公平性得到更好实现。

第四，为提高受影响个体参与决策的能力和意识，政府还应加强参与者的培训和意识提升。这包括开展相关法律法规和政策知识的培训、提供决策参与技巧的培训等，帮助受影响个体提高自身的参与能力和水平，增强他们在决策过程中的话语权和影响力，确保他们能够以更积极、理性的方式参与决策，促进决策的公正和公平性得到更好的保障和实现。

第八章　国际经验与案例研究

第一节　不同国家的城市规划和征收策略对比

一、法国城市规划和征收策略对比

法国在城市规划和土地征收方面有着独特的经验。例如，巴黎注重历史文化保护和城市绿化建设，而马赛更注重港口建设和城市功能的多元化发展。在土地征收方面，法国采用的是政府主导的土地征收机制，注重保护公共利益和平衡社会利益。对比分析可以发现，法国的城市规划注重文化保护和城市环境建设，而征收策略更注重公共利益和社会稳定，这为其他国家提供了不同的经验借鉴。

（一）法国城市规划特点

法国城市规划以其注重文化保护和城市环境建设而闻名。其中，巴黎作为法国的政治、经济和文化中心，展现出独特的城市规划特点。

第一，该城市注重保护历史遗产和建筑文化。巴黎拥有众多具有悠久历史的建筑物和地标性景点，如埃菲尔铁塔、巴黎圣母院等，政府严格保护这些历史遗产，不仅是出于文化遗产保护的需要，也是为了维护城市的独特魅力和历史传承。

第二，巴黎注重城市绿化和公园建设。城市绿化是巴黎城市规划的重要组成部分，市内有许多公园和花园，如杜伊勒里花园、图利花园等，为城市居民提供了休闲娱乐的场所。此外，巴黎还积极推行绿色城市建设，提倡可持续发展理念，鼓励居民采用绿色出行方式，减少环境污染，保护城市生态环境。

第三，法国的马赛等城市更注重港口建设和城市功能的多元化发展。马赛作为地中海沿岸的重要港口城市，注重发展港口经济和贸易业务，积极拓展与欧洲和北非地区的经济交流与合作。此外，马赛也致力于多元化城市功能，促进工业和商贸业的发展，吸引更多的投资和人才资源，提升城市的经济实力和竞争力。

这些城市规划特点展示了法国在保护历史文化、发展绿色城市和促进经济多元化方面的成功经验。这些经验对其他国家的城市规划和发展提供了宝贵的借鉴和启示。

（二）法国土地征收特点

法国的土地征收政策具有多重特点，体现了政府主导的征收机制下的公共利益保护和社会利益平衡。

1. 法国的土地征收政策强调公共利益的保护。政府在征收土地时通常考虑的是项目的公共利益，如基础设施建设、城市更新等，旨在促进社会的整体发展和进步。这种政策的特点体现了政府在土地利用和规划方面的积极作用，为城市的可持续发展提供了支持和保障。

2. 法国的土地征收政策注重社会公正和平等。在征收过程中，政府通常会与当地居民进行充分的沟通和协商，尊重他们的合法权益和意见表达。这种注重社会公正和平等的特点有助于增强土地征收的合法性和公信力，减少社会矛盾和冲突，保障社会的和谐稳定和发展。

3. 法国的土地征收政策也注重征收过程的公开透明。政府通常会通过公开征收信息、举办听证会等方式，让当地居民了解征收的目的、范围和程序，并允许他们参与决策过程，表达自己的意见和关切。这种公开透明的特点有助于建立政府与民众之间的信任关系，促进社会的民主参与和社会治理的改善。

这些特点共同构成了法国土地征收政策的独特之处，为其他国家在制定和完善土地征收机制时提供了有益的经验借鉴。

二、巴西城市规划和征收策略对比

巴西在城市规划和土地征收方面也积累了丰富的经验。例如，里约热内卢注重城市景观规划和旅游业发展，而圣保罗更注重城市工业布局和城市功能的协调发展。在土地征收方面，巴西采取的是社会参与的土地征收模式，注重民众参与和社会稳定。对比分析可以发现，巴西的城市规划注重旅游和产业发展，而征收策略更注重社会参与和社会稳定，这为其他发展中国家提供了可借鉴的经验。

（一）巴西城市规划特点

巴西作为南美洲重要的发展国家，其城市规划特点体现了多元化的发展战略和特色。特别是在城市景观规划和旅游业发展方面，巴西注重保护城市的自然景观和文化遗产，积极开发旅游资源，推动旅游业的蓬勃发展。

第一，巴西城市规划注重保护城市的自然美景和文化遗产。巴西拥有丰富的自然资源和多样化的地理环境，其中包括独特的山川河流、广阔的热带雨林和迷人的海滩等。在城市规划中，巴西政府致力于保护这些自然景观，推动城市建设与自然生态的和谐发展。例如，巴西的一些城市在城市规划中注重保护河流和湿地等自然水系，通过建设生态公园和湿地公园等措施，提升城市的生态环境质量，促进城市生态系统的可持续发展。

第二，巴西城市规划注重旅游业的发展和推广。作为一个自然风光优美、文化底蕴深厚的国家，巴西具有丰富的旅游资源和旅游产品。巴西政府通过制定旅游规划和政策，积极推动旅游业的发展，提升旅游服务质量，扩大旅游产业规模，加强旅游设施建设，提升旅游产品的多样性和竞争力。特别是在里约热内卢等重要旅游城市，巴西政府注重保护城市的历史文化遗产和自然景观，提升旅游体验和旅游业的发展质量，推动旅游业成为城市经济的重要支柱产业。

第三，巴西城市规划注重产业结构的优化和经济发展的提升。除了注重自然景观和旅游业的发展外，巴西政府也注重优化城市产业结构，促进城市经济的多元化发展。特别是在一些工业重镇如圣保罗等城市，巴西政府推动工业布局和城市功能的协调发展，支持产业的升级和转型，提高产业竞争力和创新能力，推动城市经济的全面发展和社会福祉的提升。

巴西城市规划的多元化特点体现了其对城市发展战略的全面考量和灵活应对，既注重文化遗产和自然环境的保护，又注重产业布局和经济发展的提升。这些城市规划特点为巴西的城市发展提供了坚实的支撑和发展动力，也为其他发展中国家在城市规划和发展方面提供了有益的借鉴和启示。

（二）巴西土地征收特点

巴西在土地征收方面采取了注重社会参与的土地征收模式，强调民众参与和社会稳定。其土地征收政策着重倡导社会公正和民主参与，以确保土地征收决策的公开透明和民意的尊重。这一模式的特点不仅体现在政策层面上，也体现在具体的土地征收实践中。

1. 民众知情权和参与权的保障

在巴西的土地征收过程中，保障民众的知情权和参与权是确保公平合理征收的关键。政府通过一系列措施来保障民众在土地征收中的知情权和参与权，旨在实现公正的土地征收决策和促进社会稳定发展。

政府致力于建立健全的信息发布机制。通过建立信息公开渠道和制定相关法规，政府确保土地征收政策的透明度和信息公开性。相关部门会定期发布征收政策的相关信息，包括征收范围、征收标准、补偿机制等内容，以便民众及时了解相关政策内容并参与讨论。

政府鼓励举办社会参与活动。为了让更多民众了解土地征收政策，政府组织举办各类公开座谈会、听证会及征求意见活动，邀请相关专家学者、社会团体和民众代表参与讨论，听取各方意见和建议。通过多方参与和广泛征集意见，政府更好地理解社会各界对征收政策的关切和诉求，确保征收决策更加民主、科学和合理。

政府建立了民众意见反馈渠道。针对民众对土地征收政策的关切和质疑，政府设立了专门的咨询热线和投诉举报平台，方便民众随时向相关部门提出问题和意见。政府积极回应民众反馈，及时解答疑问并针对问题进行调整和改进，确保民众的知情权和参与权得到有效保障和落实。

政府加强征收决策的公开透明。在土地征收决策过程中，政府通过公示、公告等形式公开相关决策信息，包括征收方案、补偿方案、评估结果等内容。这种公开透明的做法有助于消除信息不对称，防止腐败行为的发生，确保征收决策的公正性和合法性。

巴西政府通过加强信息发布、鼓励社会参与、建立意见反馈渠道及加强决策的公开透明，全面保障民众的知情权和参与权，推动土地征收决策的科学民主化，促进社会公正和稳定发展。

2. 社会公正和权益平衡的追求

在巴西土地征收政策的设计中，追求社会公正和权益平衡是政府的首要考量。为实现这一目标，政府采取了一系列措施来确保征收过程中各方利益的平衡和权益的公平。

政府注重建立公正的征收标准。针对土地征收的目的和范围，政府制定了明确的征收标准和程序，明确规定征收对象和范围，避免征收标准的不确定性和随意性，保障被征收群体的合法权益不受侵害。

政府重视合理的补偿机制。在土地征收过程中，政府建立了合理的补偿机制，保障被征收群体得到公平合理的补偿。政府会根据征收对象的实际损失和权益受损程度，制定相应的补偿方案，包括货币补偿、房屋安置等措施，保障被征收群体的基本生活和发展权益。

政府注重弱势群体的保护。针对社会中的弱势群体，如贫困居民、农民工等，政府采取特殊的保护措施，确保其在征收过程中得到特殊关怀和优先保障。政府会与相关部门和社会组织合作，为这些群体提供专项帮助和支持，促进其顺利融入新的生活环境和社会体系。

政府注重征收决策的公开透明。政府在征收决策过程中注重公开透明，积极与社会各界沟通和协商，尊重民意和社会诉求。政府会定期发布征收政策的相关信息，并就征收方案进行公开讨论和征集意见，确保征收决策的公正性和合法性。

巴西政府通过建立公正的征收标准、合理的补偿机制、弱势群体的保护措施及征收决策的公开透明，全面保障了社会公正和各方利益的平衡，促进社会的和谐稳定发展。

3. 公开透明和民意尊重的实践措施

在巴西土地征收实践中，政府采取了一系列措施来促进公开透明和尊重民意，保障征收决策的合法性和社会稳定发展。这些措施包括建立信息公开制度、征收决策公示机制、社会参与平台及有效的反馈机制等。

政府建立了完善的信息公开制度。政府通过建立专门的信息公开平台或机构，及时发布征收政策的相关信息和决策文件，确保公众对征收政策有清晰的了解和掌握。政府会向社会公开征收政策的立项依据、实施方案、相关补偿标准等信息，提高决策的透明度和公开性。

政府实行征收决策公示机制。政府会通过多种渠道和形式公示征收决策的相关文件和决定，向社会公众传达政府的决策意图和考虑因素。政府会在公告板、官方网站、社交媒体等平台发布征收决策的公告，确保公众有机会了解和监督征收政策的执行情况。

政府积极推动社会参与平台的建设。政府会设立专门的社会参与平台或委员会，吸引社会各界积极参与征收决策的讨论和建议。政府会定期组织公开听证会、征集意见活动等，倾听社会各方的意见和建议，加强与公众的沟通和互动，提高决策的民主性和参与性。

政府重视建立有效的反馈机制。政府会建立便捷的投诉举报渠道，接受公众对征收决策的意见和投诉。政府会及时回应公众的关切和疑虑，解答公众的疑问和困惑，及时调整和优化征收政策的执行，确保征收过程的公平公正和社会稳定。

这两种不同国家的城市规划和土地征收策略在保护文化遗产、促进城市经济发展和平衡社会利益方面提供了丰富的经验借鉴和启示。通过比较分析，我们可以发现不同国家在城市规划和土地征收方面的不同重点和特色，为其他国家在这些方面提供了宝贵的参考和借鉴。

第二节　案例研究：成功与失败的经验和教训

一、成功案例分析：新加坡的土地规划与征收策略

（一）新加坡的土地规划成功经验

1. 新加坡的综合土地利用策略

新加坡的综合土地利用策略始于科学规划与土地资源利用的优化。通过建立科学的城市规划体系，该国充分考虑土地的多功能性和多元化利用，将城市的商业、住宅、文化、教育等功能有机结合，实现了城市空间的高效利用和功能的协调发展。此举有助于提升城市的整体竞争力和吸引力，促进了城市的经济繁荣和社会发展。

新加坡注重将城市用地与自然生态相结合，通过建立生态绿地和公共空间系统，保护城市的自然生态环境，提升城市的生态品质和居住环境。该国注重生态环境保护与城市发展的协调，通过绿化工程和生态景观建设，创造了良好的生态环境和人居空间，提高了城市居民的生活质量和幸福感。

新加坡在土地利用方面注重智能科技的应用，通过智能城市技术和数据驱动的决策，优化了城市的土地规划和资源配置。该国注重数字化平台和智能化管理系统的建设，提高了城市规划的精细化管理和智能化运营水平，推动了城市规划和科技创新的融合发展。

新加坡政府注重社会参与和城市规划的共建共享，通过开展公众参与活动和社区治理实践，促进了社会各界的共同参与和共同建设。该国倡导民众参与城市规划和土地利用决策的讨论和决策过程，充分尊重公民的知情权和参与权，建立了共建共享的城市规划机制，推动了城市规划和社会治理的共同发展。

2. 科技创新在土地规划中的应用

新加坡积极应用智能城市技术，包括物联网、人工智能、大数据等，通过智能感知设备和智能系统的建设，实现了城市数据的实时采集和监测。这些技术的应用使得城市规划者可以更准确地了解城市的发展状况和问题所在，从而制定更精准的土地规划和城市管理策略。

新加坡注重以数据驱动决策，通过收集和分析大数据，制定科学合理的城市规划方案。建立数据中心和数据平台，整合城市各方面的数据资源，提供了科学决策的依据和支持，使得城市规划更加符合实际需求和科学要求。

新加坡建立了智能化城市管理系统，智能交通管理、智能能源管理、智慧环保等方面的应用，提高了城市的资源利用效率和管理水平。这些智能化管理系统的建设，使得城市规划和管理更加高效和便捷，提高了城市的整体运行效率和生态环境质量。

新加坡在土地规划中广泛应用科技创新，这体现了科技创新对城市发展的重要推动作用。科技创新的应用使得城市规划更加精准和科学，提高了城市的竞争力和可持续发展水平，为城市发展注入了新的活力和动力。

（二）新加坡的土地征收成功经验

1. 公众参与和透明决策机制

新加坡政府通过建立公众参与机制，包括公开听证会、社区座谈会、在线调查等方式，鼓励公民积极参与土地征收决策过程。政府通过向公众提供充分的信息和资料，确保公民对征收政策和决策有清晰的了解和认识，为公众参与提供了充分的条件和保障。

新加坡政府注重建立透明的决策机制，公开透明的征收程序和规范化的决策程序，确保征收决策公正合理、程序合法。政府在征收决策过程中公开征求各方意见和建议，充分尊重公众的知情权和知情权，这使得征收决策更加公开透明、公正公平。

新加坡政府高度重视民意表达，通过建立民意反馈渠道和机制，及时收集、分析和反馈公众的意见和建议，保障了公民的参与权和知情权。政府通过认真倾听和反馈民意，不断优化征收政策和决策，提高了政策的科学性和公信力，促进了社会的稳定和谐。

新加坡政府因公众参与和透明决策机制的建立，维护了社会的公平和公正。政府通过公开透明的决策程序，确保了土地征收的公正性和合法性，保障了公民的合法权益和社会利益，维护了社会的和谐稳定和公平公正。

2. 社会和谐稳定与征收决策的平衡

新加坡政府在土地征收决策中充分考虑社会利益和公共利益的平衡。通过开展全面的社会调研和利益分析，政府了解了不同社会群体的需求和利益诉求，从而在征收决策中综合考虑各方利益，确保了土地征收过程中社会利益和公共利益的平衡和协调发展。

新加坡政府通过建立健全的社会治理机制，包括公共参与机制、社会矛盾调解机制等，有效维护了社会的和谐稳定。政府通过加强社会管理和维护社会秩序，解决了土地征收过程中可能出现的社会矛盾和冲突，促进了社会的和谐稳定和可持续发展。

新加坡政府重视社会关系的稳定发展，通过促进社会的多元融合和共生发展，构建了和谐稳定的社会关系。政府注重加强社会交流和互动，营造了公平公正的社会环境，保障了不同社会群体的合法权益和社会利益，维护了社会的和谐稳定和统一发展。

最后，新加坡政府通过维护社会和谐稳定，保证了土地征收决策的持续推进和顺利实施。政府通过保障社会和谐稳定，营造了良好的社会氛围和合作环境，为土地征收工作的顺利进行提供了有力的保障和支持。

以上是新加坡在土地规划和征收方面的成功经验，这些经验为其他国家在城市发展和土地管理方面提供了有益的借鉴和启示。通过科学规划、公众参与和社会稳定的保障，新加坡成功实现了城市的高效用地和社会的可持续发展。

二、失败案例分析：巴西里约热内卢的土地征收与规划挑战

（一）里约热内卢土地征收挑战分析

里约热内卢面临着复杂的土地所有权问题和政府治理挑战。由于土地所有权的不清晰和存在利益集团的干扰，其土地征收程序经常受阻，决策难以落实，导致城市规划和土地利用难以有效实施。此外，社会抗议和不满情绪的激化也影响了城市规划和土地征收工作的顺利进行，给城市的整体发展带来了严峻的挑战。

1. 土地所有权问题

（1）里约热内卢存在大量土地所有权不清晰的情况，包括土地权属不明、产权界定模糊等问题。这导致政府在实施土地征收政策时难以确定征收对象和范围，增加了政府征收工作的复杂性和不确定性。此外，土地所有权不清晰也容易导致征收过程中出现法律纠纷和产权争议，加剧了社会矛盾和不稳定因素。

（2）除了土地所有权不明确外，里约热内卢还存在产权归属模糊的情况，部分土地产权界定不清晰，存在多元化的所有权主体。这使得政府在进行土地征收工作时面临诸多的产权纠纷和所有权争议，增加了土地征收程序的复杂性和工作量，加剧了政府的管理难度和施政风险。

（3）由于土地所有权问题的存在，里约热内卢的土地征收目标难以明确，政府往往难以确定征收的具体范围和目标，导致征收工作的开展缺乏明确的指导和规范。这种情况下，征收程序容易受到各方利益的影响和干扰，使得征收工作难以顺利推进和落实，阻碍了城市规划和土地利用的合理实施。

（4）土地所有权问题的复杂性和产权归属的模糊性容易导致征收过程中出现法律纠纷和产权争议，增加了政府征收工作的法律风险和社会压力。这些法律纠纷和产权争议不仅增加了政府的施政难度，也加剧了社会矛盾和不稳定因素，对城市发展和社会稳定造成了负面影响。

2. 利益集团的干扰

利益集团往往以自身利益为先，将个人或特定团体的利益凌驾于公共利益之上。他们通过操纵信息、影响决策等手段干扰土地征收程序，阻碍政府正常的征收工作，导致征收进程难以顺利推进，从而影响城市规划和土地利用的正常实施。

利益集团的干扰行为往往违背公共秩序和法律规定，破坏了社会的正常运行秩序。他们通过示威抗议、舆论攻击等手段对政府进行压力施加，甚至有时会采取非法手段阻碍土地征收程序的进行，这给城市的社会稳定和治理带来了严峻的挑战。

利益集团的干扰行为常常导致征收程序的拖延，使得征收工作长期处于停滞状态。这不仅给政府的管理工作带来了不小的压力，也增加了政府的施政风险和管理成本，同时也影响了城市的发展进程和规划目标的实现。

利益集团的干扰行为容易导致土地征收工作的混乱和不确定性。不断的干扰和阻挠使得土地征收工作缺乏明确的指导和规范，增加了政府管理的不确定性和风险，使得城市规划和土地利用工作难以有序推进和落实。

3. 社会抗议与不满情绪

第一，社会抗议和不满情绪直接影响了城市社会的稳定和和谐发展。抗议活动的发生使得社会矛盾进一步加剧，容易导致社会秩序的紊乱和不稳定，给城市的和谐发展带来了严重的挑战。

第二，抗议活动和社会不满情绪往往会对政府施加一定的压力，迫使政府重新考虑土地征收决策并调整征收策略。政府需要面对公众舆论的压力和诉求，同时平衡社会各方面的利益，确保征收工作的顺利开展。

第三，抗议和不满情绪的存在制约了政府征收工作的顺利进行和土地利用政策的有效落实。政府不得不面对社会的质疑和阻力，可能需要调整征收策略或者改变征收目标，以减轻社会的不满情绪和压力。

第四，政府需要积极采取措施，通过加强与公众的沟通与协商，化解社会的不满情绪和抗议压力，建立健全的社会调解机制和舆论回应机制，平衡各方利益诉求，促进社会的和谐稳定和城市规划的顺利推进。

（二）里约热内卢土地规划失败教训总结

里约热内卢的土地规划和征收挑战凸显了政府治理能力的薄弱和社会治理机制的不完善。政府在征收过程中缺乏有效的信息公开制度和民意回应机制，未能充分保障公民的合法权益和社会利益，导致城市发展受到了严重阻碍。因此，政府需要加强社会治理能力建设，增强土地规划和征收决策的透明度和公正性，促进公共利益和社会稳定的平衡发展，必须建立起完善的土地征收法规和程序，并加强土地所有权的明晰化，以维护公共利益和社会稳定的基础。同时，政府应积极促进公众参与和社会对话，加强社会各方面的沟通与合作，共同推动城市规划和土地征收工作的顺利实施。

1. 加强社会治理能力建设

建立健全的法律法规和制度机制。加强土地征收相关法律法规的建设和完善，明确土地征收程序和标准，确保征收工作的合法性和规范性。

推进政府治理能力提升。加强政府的管理能力和服务水平，提高政府对土地征收工作的监督和指导能力，确保土地征收决策的科学性和合理性。

加强社会参与和民主决策。鼓励公民参与土地征收决策和城市规划过程，充分听取公众意见，建立民主决策机制，确保公众利益得到充分考虑和保障。

加强信息公开和舆论引导。建立健全的信息公开制度，及时向社会公布土地征收信息和政策，引导舆论，消除公众疑虑，增强社会对土地征收工作的理解和支持。

2. 提升决策的透明度和公正性

建立健全的信息公开制度。政府可以建立信息公开平台，定期公布土地征收决策的相关信息、程序和进展情况，使公众充分了解土地征收政策的制定过程和目的，提高政策的透明度。

开展广泛的社会沟通和对话。政府可以组织公民代表会议、听证会等形式，与社会各界进行广泛沟通和交流，听取公众意见和建议，建立起政府与公众之间的良好互动机制，促进民意的尊重和反映。

建立公正的决策机制和程序。政府可以建立独立的评估机构和专家团队，对土地征收决策进行科学客观的评估和论证，确保决策的公正性和合理性，防止利益集团对决策的干扰和影响。

加强舆论引导和舆情管理。政府可以积极引导舆论，加强舆情监测和管理，及时回应社会关切和疑虑，有效化解社会矛盾，维护社会稳定和和谐发展。

3. 促进公众参与和社会对话

举办公民参与活动。政府可以组织公民论坛、城市规划研讨会等活动，邀请社会各界人士和专家学者参与，共同讨论城市规划和土地利用的问题与挑战，收集不同群体的意见和建议，促进公众参与和社会共治。

征求社会意见和建议。政府可以通过调查问卷、社会调研等形式，征求公众对土地征收和城市规划的意见和建议，了解民众的需求和期待，调整和优化征收政策和规划方案，提高政策的针对性和可行性。

建立社会合作机制。政府可以促进政府部门、企业机构、非政府组织和社会团体之间的合作与协调，共同参与城市规划和土地利用工作，形成合力，共同推动城市发展和改善，实现社会利益和公共利益的平衡发展。

加强公众教育与意识提升。政府可以开展城市规划知识普及和教育宣传活动，提高公众对城市规划重要性和必要性的认识，增强公众的城市规划意识和参与意识，培养社会各界对城市发展的责任感和使命感。

新加坡和巴西里约热内卢在土地规划和征收方面的成功经验和失败教训为其他国家提供了有益的借鉴和启示。成功经验告诉我们，建立科学完善的土地规划体系和加强社会治理机制是确保城市规划和土地征收顺利进行的重要保障。而失败教训则提醒我们，政府应该更加注重公民的合法权益和社会利益保障，加强信息公开和民意回应机制的建设，促进土地规划和征收的公正合理，促进城市的可持续发展和社会稳定。

第三节　跨国经验对本书的启示

一、国际经验对本书的借鉴

国际经验表明，城市规划和土地征收需要政府明确的战略目标和坚定的执行力，同时需要注重公众利益的保护和社会稳定的维护。本书可以借鉴不同国家的城市规划模式和土地征收策略，结合本国实际情况，制定更加科学合理的城市规划和土地征收政策，促进城市的可持续发展和社会的和谐稳定。

（一）国际经验表明城市规划的关键要素

国际经验强调了城市规划的重要性，特别是在实现可持续城市发展方面。

1. 明确的战略目标是城市规划的基础。国际上的成功案例表明，政府需要设定明确的长远愿景，明确城市的发展方向和重点领域。例如，新加坡的城市规划明确了高效用地和生态保护的目标，这为城市发展提供了清晰的方向。

2. 坚定的执行力是城市规划成功的关键。国际经验显示，规划本身不足以确保城市的可持续发展，政府必须拥有坚定的执行力，确保规划的有效实施。新加坡政府的强有力的执行机制是其成功的关键因素之一。这包括了对规划方案的严格执行，确保相关各方按照规划的要求行事。

3. 城市规划需要综合考虑公众利益和社会稳定。国际经验表明，城市规划必须确保公共利益得到保护，同时维护社会的和谐稳定。这可以通过广泛的公众参与、信息透明度和社会对话来实现。

（二）国际经验对土地征收策略的启示

国际经验也为土地征收策略提供了有益的启示。

1. 土地征收需要明确的法律框架和程序。一些国家的土地征收法规明确规定了土地征收的程序和条件，确保了土地征收的合法性和公平性。

2. 土地征收必须注重公众利益和社会稳定。这包括对土地所有权和产权的明晰化和保护，以及确保征收决策的透明度和公正性。新加坡的土地征收政策就注重了公众的合法权益和社会稳定，确保了土地征收的公正性。

3. 土地征收策略需要综合考虑城市规划的愿景。城市规划和土地征收必须协调一致，以实现城市的可持续发展。这需要政府在规划和征收决策中综合考虑生态环境、文化遗产和社会需求，确保土地的合理利用和城市的和谐发展。

（三）本书的借鉴与实际应用

本书可以借鉴国际经验，特别是新加坡等国家的成功案例，以制定更加科学合理的城市规划和土地征收政策。明确长远战略目标、建立坚定的执行机制、注重公众利益和社会稳定，可以促进巴西里约热内卢城市的可持续发展和社会的和谐稳定。

然而，需要强调的是，国际经验的借鉴应该是有针对性的。巴西里约热内卢具有自身的国情和社会文化，因此必须根据本国的实际情况，灵活应用国际经验，制定适合本地的政策和措施。同时，各国应该建立评估机制，不断总结经验教训，确保政策的有效实施，推动城市的可持续发展。

二、国际经验的启示与局限性

国际经验的启示在于城市规划需要注重文化保护和城市环境建设，土地征收需要注重公共利益和民众权益保护。然而，不同国家的制度环境和社会文化差异会影响城市规划和土地征收的实施效果。因此，本书需要充分考虑本国的国情和社会文化特点，结合国际经验进行合理借鉴和灵活应用，不盲目复制，而是因地制宜，制定符合本国实际情况的城市规划和土地征收政策，推动城市的可持续发展和社会的和谐稳定。

（一）国际经验的启示

国际经验强调了城市规划和土地征收中注重文化保护和环境建设的重要性。许多国家的成功案例表明，城市规划应该充分考虑当地的文化遗产和历史传承，保护城市独特的文化魅力。同时，城市环境建设也应注重生态保护和可持续发展，通过科学规划和合理布局实现城市生态与经济的良性循环。

1. 国际经验的文化保护重要性

国际经验的丰富积累表明，城市规划中的文化保护对于维护城市的独特魅力和历史传承具有重要意义。许多国家在城市规划中高度重视保护当地的文化遗产和传统，通过修复历史建筑、保护传统手工艺等方式，促进城市文化的传承和发展。这些经验不仅丰富了城市的文化内涵，更为巴西里约热内卢在城市规划中注重文化保护提供了重要的借鉴。

文化保护可以提升城市的独特魅力。国际上许多城市通过保护历史建筑、保存传统手工艺等方式，成功地将城市独特的文化特色展现在世人面前。这些文化符号成为城市的重要标识，吸引了大量游客和投资者，为城市的经济和社会发展带来了积极的影响。

文化保护是传承历史与文化传统的重要手段。通过对历史建筑和文物的保护，城市可以将历史文化传统代代相传，让居民和游客深刻感受到城市的历史沉淀和文化底蕴。这不仅有助于增强居民的文化认同感，更能够促进社会的文化融合和交流。

文化保护有助于提升城市的软实力。保护城市的文化遗产和传统手工艺能够展现城市的文化魅力和城市形象，增强城市的国际影响力和竞争力。在全球化的背景下，城市的软实力越来越受到重视，因此注重文化保护能够为城市在国际舞台上赢得更多的关注和认可。

国际经验中的文化保护理念为巴西里约热内卢提供了重要的启示。在城市规划中，其应该高度重视保护本地的文化遗产和传统，将其融入城市的发展蓝图，促进城市文化的传承和发展，为城市的可持续发展打下坚实的文化基础。

2. 国际经验的生态保护启示

世界各国在城市规划中注重生态保护和可持续发展，通过合理规划绿地、保护生态系统等方式，促进城市生态与经济的协调发展。这些国际经验为里约热内卢提供了宝贵的启示，鼓励其在城市规划中注重生态保护，推动城市的可持续发展和生态环境的改善。

合理规划绿地是保护城市生态的重要手段。许多国家在城市规划中注重规划公园、绿地和自然保护区，为城市提供了宝贵的生态空间。这些绿色空间不仅有助于改善城市的生态环境，还提升了居民的生活质量，促进了城市的可持续发展。

注重保护生态系统有助于维护城市的生态平衡。国际上许多城市注重保护湿地、森林和水源地等生态系统，这不仅有助于维护城市的生态平衡，还为城市提供了重要的生态服务功能。这些生态系统为城市提供了空气净化、水资源调节等重要生态服务，对于维护城市的生态健康具有重要意义。

倡导可持续发展是促进城市生态的关键因素。国际经验表明，城市应该注重经济发展与环境保护的协调发展，通过推动绿色产业发展、促进低碳交通等方式，实现城市的可持续发展目标。这些经验为里约热内卢提供了重要的借鉴，鼓励其在城市规划中注重生态保护，促进城市的可持续发展和生态环境的改善。

国际经验中的生态保护理念为里约热内卢提供了重要的启示。在城市规划中，其应该注重合理规划绿地、保护生态系统，促进城市生态与经济的协调发展，为城市的可持续发展奠定坚实的生态基础。

3. 科学规划与合理布局的重要性

科学规划和合理布局是城市发展中至关重要的因素，其在提升城市发展质量和推动可持续发展方面发挥着关键作用。国际经验表明，科学规划城市的基础设施建设和用地布局，可以有效提高城市的功能性和整体效率，为城市的可持续发展奠定坚实基础。

科学规划是实现城市功能优化的关键。国际上许多发达城市通过科学规划，将城市功能区划合理分配，构建起多样化的功能区域，例如商业中心、居住区、生态保护区等，有利于提升城市的整体功能和发展质量。巴西里约热内卢可以借鉴这些国际经验，科学规划城市的功能区域，优化城市功能布局，提升城市的发展水平和综合竞争力。

合理布局是优化土地利用的关键手段。在城市发展中，合理利用土地资源对于提高土地利用效率、优化城市空间结构具有重要意义。国际经验表明，通过合理布局，将城市用地合理划分，统筹考虑城市的用地需求和生态环境保护，可以最大程度地提高土地的利用效率，实现城市空间的优化布局。

科学规划和合理布局是提升城市整体形象的重要保障。科学规划和合理布局，可以打造出统一、协调的城市形象，提升城市的整体美观度和宜居性。国际上许多城市通过精心的规划和布局，创造出宜人的城市环境和宜居的居住氛围，有效吸引人才和资本，促进城市的可持续发展和提升城市的整体形象。

科学规划和合理布局是城市发展中不可或缺的重要环节。巴西里约热内卢可以从国际经验中汲取灵感，注重科学规划城市的基础设施建设和用地布局，促进城市的可持续发展和提升城市的发展质量。

（二）国际经验的局限性

国际经验在城市规划和土地征收方面的应用受到不同国家制度环境和社会文化差异的影响。由于不同国家具有各自独特的历史和文化传统，其城市规划和土地征收的执行效果存在差异。因此，仅仅盲目复制国际经验并不足以解决巴西里约热内卢面临的挑战。

1. 制度环境差异对城市规划的影响

巴西里约热内卢需要充分认识到这一点，因为这些差异直接影响了城市规划的制定和实施效果。在借鉴国际经验的过程中，巴西需要注意国情和本土实际情况，灵活运用适合本国情况的管理模式和政策措施，以确保城市规划能够真正实现可持续发展和社会和谐稳定。

政府的管理方式对城市规划具有重要影响。不同国家的政府管理方式存在差异，包括中央集权制度和分权制度等。这些不同的管理方式决定了城市规划决策的权力分配和执行效率。巴西里约热内卢需要根据本国的管理模式，确立明晰的规划决策体系和执行机制，提高规划实施的效率和有效性。

法律体系对城市规划的实施效果有重要影响。不同国家的法律体系不同，法律对城市规划的规范和保障程度不同。巴西里约热内卢需要建立健全的法律体系，确保城市规划在法律框架内得以有效实施，并为城市规划提供法律保障和支持。

权力分配对城市规划的执行效果产生重要影响。不同国家的权力分配方式存在差异，这直接影响了城市规划决策的权威性和执行的顺畅性。巴西里约热内卢需要合理划分权责边界，明确各级政府部门在城市规划中的职责和权限，建立起协调高效的规划决策机制和执行体系。

政策措施的制定和落实对城市规划的实施效果至关重要。不同国家在政策措施方面存在差异，这将直接影响城市规划政策的有效性和可操作性。巴西里约热内卢需要结合本国实际情况，制定符合本国国情的城市规划政策措施，注重政策的可行性和可持续性，确保政策能够切实落地，促进城市的可持续发展和社会的和谐稳定。

巴西里约热内卢在借鉴国际经验的过程中，需要充分考虑本国的制度环境差异，灵活运用适合本国国情的管理模式和政策措施，确保城市规划能够切实落地，为城市的可持续发展和社会的和谐稳定提供有力支撑。

2. 社会文化差异对土地征收的影响

社会文化因素涉及社会习俗、价值观念、社会结构等多个方面，这些因素会直接影响公众对土地征收的接受程度和参与度。因此，里约热内卢需要深入理解社会文化的影响，并在土地征收工作中因地制宜地制定策略，增强政策的可操作性和社会的接受度。

社会习俗和价值观念对土地征收产生直接影响。不同文化背景下，人们对土地的认知和利用方式存在差异，这会影响他们对土地征收政策的态度和行为。里约热内卢政府需要根据当地的社会习惯和价值观念，因地制宜地制定土地征收策略，注重政策的灵活性和适应性，以增强政策的可操作性和社会的接受度。

社会结构对土地征收的影响不容忽视。不同社会结构下，土地的所有权和利益分配存在差异，这将直接影响土地征收工作的实施效果。里约热内卢需要根据当地社会的特点，建立起符合社会结构的土地征收政策体系，确保政策的公平性和合理性，促进社会各界的共同参与和支持。

沟通和协调在社会文化差异下显得尤为重要。不同社会文化背景下，人们的沟通方式和协作习惯存在差异，这将直接影响土地征收工作的顺利推进。里约热内卢需要加强政府与公众之间的沟通与协调，建立起有效的信息传递和参与机制，增强社会各方面的参与度和共识，确保土地征收工作能够得到社会的广泛支持和理解。

政策的灵活性和可调整性对于处理社会文化差异下的土地征收工作至关重要。里约热内卢政府需要根据社会的反馈和变化，灵活调整土地征收政策，确保政策能够适应社会的发展和变化，保障公众的合法权益和社会的整体利益。

里约热内卢在处理土地征收工作时需要充分考虑社会文化差异的影响，因地制宜地制定策略，增强政策的可操作性和社会的接受度，促进城市的可持续发展和社会的和谐稳定。

3. 灵活应用国际经验的重要性

考虑到国际经验在实际应用中的局限性，里约热内卢需要结合本国的实际情况，灵活应用国际经验，制定适合本地的城市规划和土地征收政策。这样的做法有助于更好地解决本地的城市规划和土地征收问题，促进城市的可持续发展和社会的和谐稳定。

灵活应用国际经验需要结合本地的发展需求和特点。巴西作为一个多元文化国家，具有丰富的民族文化和地方特色，需要在借鉴国际经验的同时，充分考虑本国的发展需求和文化背景，确保政策的切实可行性和社会的接受度。因此，里约热内卢政府需要对国际经验进行审慎筛选和结合，制定出更具针对性和可操作性的城市规划和土地征收政策。

灵活应用国际经验需要充分考虑本地的制度环境和政策体系。巴西的政治、经济和社会制度与其他国家相比存在差异，这将直接影响城市规划和土地征收政策的实施效果。因此，里约热内卢需要根据本地的制度环境和政策体系，灵活调整国际经验的应用策略，确保政策能够顺利地融入本地的发展现状和体制机制。

灵活应用国际经验需要注重不断的政策调整和优化。随着时代的变迁和社会的发展，城市规划和土地征收工作也需要不断跟进和调整。里约热内卢政府需要建立有效的政策评估和监测机制，及时总结经验教训，不断优化和调整城市规划和土地征收政策，确保其能够适应社会的发展需求和变化。

灵活应用国际经验需要建立多方合作和交流机制。里约热内卢可以通过加强与其他国家和国际组织的合作与交流，获取更多的国际经验和专业知识，促进城市规划和土地征收工作的国际化和专业化，推动城市的可持续发展和社会的和谐稳定。

巴西里约热内卢在城市规划和土地征收领域需要灵活应用国际经验，结合本国实际情况制定适合本地的政策，并加强多方合作与交流，以促进城市的可持续发展和社会的和谐稳定。

（三）灵活应用国际经验

针对国际经验的启示和局限性，本书应充分考虑巴西本土的国情和社会文化特点，结合国际经验进行合理借鉴和灵活应用。在制定城市规划和土地征收政策时，应因地制宜，确保政策的可行性和可持续性。同时，政府需要建立有效的评估机制，及时总结经验教训，不断完善城市规划和土地征收政策，推动里约热内卢城市的可持续发展和社会的和谐稳定。

1. 巴西本土国情的考量

巴西作为南美洲最大的国家之一，拥有多样的民族文化和地方特色，其国情和社会文化特点在城市规划和土地征收领域具有显著的影响。

巴西的文化多样性体现在不同地区的历史、风俗习惯和生活方式上。不同地区的居民对土地利用和城市规划有着各自独特的认知和期待，因此政府在制定城市规划和土地征收政策时需要考虑不同文化群体的需求和期待，实现文化多样性的充分保护和融合。

巴西的国情特点体现在经济发展水平和社会结构上。巴西作为新兴经济体，面临着城市化和经济发展的巨大压力，城市规划和土地征收需要与国家的经济发展战略相协调。政府需要在城市规划中平衡经济发展和生态环境保护，通过科学合理的土地利用和城市规划，促进经济的可持续增长。

此外，巴西的社会结构呈现出多元化和复杂性。社会的阶层差异和不同群体的利益诉求使得城市规划和土地征收面临着来自不同社会群体的压力和挑战。政府在制定土地征收政策时需要充分考虑社会的公平性和公正性，保障不同社会群体的合法权益和利益，促进社会的和谐稳定和共同发展。因此，巴西政府在制定城市规划和土地征收政策时需要综合考虑国情特点，充分借鉴国际经验的同时，也需要因地制宜，结合本国的实际情况和发展需求，制定出更加科学合理、符合本国国情和社会文化特点的城市规划和土地征收政策。

2. 因地制宜确保政策的可行性

因地制宜是制定城市规划和土地征收政策的重要原则之一，针对里约热内卢的具体情况，政府需要因地制宜地制定城市规划和土地征收政策，以确保政策的可行性和可持续性。

政府应深入了解里约热内卢的城市发展阶段性特点，包括城市化水平、产业结构、经济发展等方面的现状和趋势。通过科学调研和数据分析，政府可以全面了解城市的发展需求和问题症结，为制定有效的城市规划和土地征收政策提供科学依据。

政府需要结合当地的社会文化特点和民众需求，制定符合当地实际情况的城市规划和土地征收政策。里约热内卢作为巴西的重要城市，其社会文化特点和民众需求具有一定的特殊性，政府应充分尊重当地居民的意愿和利益诉求，开展广泛的社会调研和民意调查，广泛征求民众意见，建立起政府与民众的沟通渠道和合作机制，确保政策制定的民主化和科学化。

政府需要注重城市规划和土地征收政策的可持续性，将生态环境保护和经济社会发展有机结合起来。在制定政策时，政府应加强生态环境保护意识，注重生态系统的保护和修复，推动生态文明建设和可持续发展理念的落地实施。

政府需要建立有效的政策评估机制，及时跟踪政策实施效果，并根据评估结果对政策进行调整和改进。通过不断总结经验教训，政府可以及时修订和完善城市规划和土地征收政策，确保政策的有效实施和持续发展。因地制宜的城市规划和土地征收政策将有助于推动里约热内卢城市的可持续发展和社会的和谐稳定。

3. 建立有效的政策评估机制

政府应建立定期的政策评估体系，包括对城市规划和土地征收政策的执行效果、社会影响、环境效益等方面进行全面评估和监测。通过对政策执行过程中的数据进行收集和分析，政府可以及时发现政策实施中存在的问题和不足，为政策的调整和完善提供科学依据。

政府需要充分利用各种评估工具和方法，包括定量分析、定性研究、社会调查等，对城市规划和土地征收政策的效果进行综合评估。通过多角度、多维度的评估手段，政府可以全面了解政策实施中的优势和不足，发现政策执行过程中的问题和矛盾，为政策的优化和改进提供科学依据。

政府应加强对政策评估结果的运用和应用，及时调整和改进城市规划和土地征收政策。政府可以通过召开专题研讨会、举办政策研讨会等形式，邀请专家学者和相关利益方共同参与，对评估结果进行深入讨论和分析，确定政策调整的重点和方向，为政策的改进和完善提供决策支持和科学指导。

政府需要建立政策评估结果的反馈机制，及时将评估结果向社会公开，并接受社会各界的监督和建议。通过透明的评估结果公布和民意回应机制建立，政府可以增强政策评估的公信力和权威性，提高政策评估的科学性和客观性，为城市规划和土地征收政策的顺利实施提供坚实的保障。建立有效的政策评估机制将有助于推动里约热内卢城市的可持续发展和社会的和谐稳定。

参考文献

[1] 王全勇，李德润 . 临矿集团：推进双重预防体系建设 [J]. 中国安全生产，2018，13(8)：48—49.

[2] 许昌和 . 城市规划中的文化遗产及历史建筑保护研究 [J]. 智能城市，2019，5(16)：136—137.

[3] 于春洋，贺与祥 . 城市规划下的旧城改造思考 [J]. 建材与装饰，2018(28)：67—68.

[4] 游雪珺 . 浅谈城市规划中的文化遗产及历史建筑保护研究 [J]. 区域治理，2017(11)：61—63.

[5] 蔺宝钢，杨铭 . 中国城市雕塑规划发展研究——以历史名城西安雕塑规划方案为例 [J]. 西安建筑科技大学学报（自然科学版），2017(4)：497—502.

[6] 王乐，杜亚轩 . 基于“海绵城市”理论的滨水空间设计 [J]. 智能建筑与智慧城市，2018(4)：107—108.

[7] 康文 . 北京市海绵城市规划建设的“因势利导”与“与时俱进”[J]. 再生资源与循环经济，2020，13(9)：13—15.

[8] 洪明 . 国土空间规划背景下浙江海绵城市规划新思路 [J]. 浙江工业大学学报（社会科学版），2020，19(1)：61—66.

[9] 黄巍 . 探究水污染防治过程中存在的问题及治理措施 [J]. 农业灾害研究，2020，10(3)：85—86.

[10] 王雅茜 . 浅谈水污染防治过程中存在的问题及治理措施 [J]. 资源节约与环保，2020(3)：90.

[11] 谢易霖 . 水污染防治过程中存在的问题及治理措施分析 [J]. 节能，2019，38(7)：152—153.

[12] 龙勇 . 探究水污染防治过程中存在的问题及治理措施 [J]. 低碳世界，2018(7)：27—28.

[13] 黄宁湘 . 探究水污染防治过程中存在的问题及治理措施 [J]. 城市建设理论研究(电子版)，2017(7)：221—222.

[14] 胡军辉，赵毅宇 . 论房屋征收补偿协议要式化的困境与出路 [J]. 政治与法律，2020，(4)：149—161.

[15] 杨立东 . 城市房屋征收中物权的行政法保护机制初探 [J]. 法制博览，2019(33)：141—142.

[16]. 张艳芳，张祎 . 基于公平偏好的土地资源开发利用博弈模型构建 [J]. 统计与决策，2014(24)：48—51.

[17]. 徐肖东 . 城市旧改征收制度的困境及其出路——以对地方立法中“二次征询”程序之质疑的分析为主线 [J]. 东方法学，2016(6)：145—157.

[18] 房绍坤，曹相见 . 论国有土地上房屋征收的”公平、合理”补偿 [J]. 学习与探索，2018，(10)：90—97.

[19] 渠滢 . 双重补偿责任下的国有土地上房屋征收补偿范围重构 [J]. 河北法学，2018，36(5)：107—116.

[20] 李震刚 . 城市房屋征收利益平衡法律机制构建 [J]. 法制与社会，2017(26)：38—39.

[21] 姜茗予 . 房价对不同人群生活满意度产生的影响及其形成机制研究——基于有序 Probit 模型的分析 [J]. 消费经济，2019，35(1)：67—74.

[22] 杨华凯 . 国际视野下实现上海旧区改造资金平衡的政策创新与突破 [J]. 上海房地，2020(11)：8—12.

[23] 冯宪芬，蒋鑫如，武文杰 . 土地征收补偿制度的经验借鉴与完善路径 [J]. 新视野，2020(2)：48—53.

[24] 陈征 . 征收补偿制度与财产权社会义务调和制度 [J]. 浙江社会科学，2019(11)：22—29，155—156.

[25] 李继玲 . 房价波动影响因素研究——基于 2005—2015 年数据的实证分析 [J]. 经济问题探索，2017(9)：30—37.

[26] 周尔民，朱进，王贵用 . 房价影响因素模型的构建与实证分析——以江西省为例 [J]. 兰州财经大学学报，2016，32(4)：34—43.

[27] 孙静 . 影响中国城际房价差异的因素分析 [J]. 统计与决策，2013(11)：138—140.

[28] 李凯，樊明太，叶思晖 . 我国房价的货币因素与宏观影响的动态传导研究——基于 TVP-SV-VAR 模型的分析 [J]. 金融发展研究，2021(1)：29—37.

[29] 张智鹏，郑大庆 . 影响区域房价的客观因素挖掘分析 [J]. 计算机应用与软件，2019，36(11)：32—38，85.

[30] 刘有章，徐颖 . 中国长三角地区房价影响因素实证分析——基于空间视角 [J]. 海南大学学报（人文社会科学版），2019，37(6)：77—85